朱光潜谈修养

朱光潜 著

陕西师范大学出版总社

图书代号：WX18N1563

图书在版编目（CIP）数据

朱光潜谈修养 / 朱光潜著. — 西安：陕西师范大学出版
总社有限公司，2019.2（2020.8重印）
ISBN 978-7-5695-0253-4

Ⅰ. ①朱⋯　Ⅱ. ①朱⋯　Ⅲ. ①个人－修养－青年读物
Ⅳ. ① B825-49

中国版本图书馆 CIP 数据核字（2018）第 221357 号

朱光潜谈修养
ZHU GUANGQIAN TAN XIUYANG

朱光潜　著

出 版 人	刘东风
责任编辑	彭　燕
特约编辑	公靖靖
封面设计	杨祎妹
出版发行	陕西师范大学出版总社
	（西安市长安南路 199 号　邮编 710062）
网　　址	http://www.snupg.com
印　　刷	大厂回族自治县德诚印务有限公司
开　　本	620mm×889mm　1/16
印　　张	14
字　　数	130 千
版　　次	2019 年 2 月第 1 版
印　　次	2020 年 8 月第 2 次印刷
书　　号	ISBN 978-7-5695-0253-4
定　　价	49.00 元

自　序

　　十年前我替开明书店写了一本小册子，叫作《给青年的十二封信》。那时候我还在欧洲读书，自己还是一个青年，就个人在做人、读书各方面所得的感触，写成书信寄回给国内青年朋友们，与其说存心教训，毋宁说是谈心。我原来没有希望它能发生多大的影响，不料印行之后，它成为一种销路最广的书，里面一部分被采入国文课本，许多中小学校把它列入课外读物。上海、广州都发现这本书的盗印本，还有一位作者用"朱光潸"的名字印行一本《给青年的十三封信》，前三四年在成都的书店里还可以看到。我于是以《给青年的十二封信》的作者见之于世，知我者固多，罪我者亦不复少。这一切，我刚才说，都出乎我的意料之外。坦白地说，这样乘其不意地被人注视，我心里很有些不愉快。那是一本不成熟的处女作，不能代表我的成年的面目，而且掩盖了后来我比较用心写成的作品。尤其使我懊恼的是被人看作一个喜欢教训人的人。我一向没有自己能教训人的错觉，不过我对于实际人生问题爱思想、爱体验，同时我怕寂寞，我需要同情心，所以心里有所感触，便希望拿来和朋友谈，以便彼此印证。我仿佛向一个伙伴说："关于这一点，我是这样想，你呢？"我希望看他点一个头，或是指出另一个看法。假如我口齿俐朗，加上身边常有可谈的朋友，我就宁愿对面倾心畅谈，决不愿写文章。无如我生来口齿钝，可谈的朋友又不常在身边，情感和思想需要发泄，于是就请读者做想象的朋友，和他做笔谈。我用"谈"毫不苟且，既是"谈"就要诚恳亲切。假如我的早年那本小册子略有可取处，大概也就在此。

这是十年前的话。过去几年中很有几家书店和杂志为着贪图销路，要求我再写给青年信那一类的文章，我心里未尝不想说话，却极力拒绝这种引诱，因为做冯妇向来不是一件惬意的事。于今我毕竟为《中央周刊》破戒，也有一个缘故。从前在那部处女作里所说的话很有些青年人的稚气，写时不免为一时热情所驱遣，有失检点，现在回想，颇有些羞愧。于今多吃了十年饭，多读了几部书，多接触了一些人情世故，也多用了一些思考体验，觉得旧话虽不必重提，漏洞却须填补。因此，《中央周刊》约我写稿，我就利用这个机会，陆续写成这部小册子中的二十来篇文章，其中也有几篇是替旁的刊物写的或没有发表的，因为性质类似，也就把它们集在一起。

读者有人写信问我，这些文章有没有一个系统？有没有一个中心思想？我回答说：在写时我只随便闲谈，不曾把它写成一部教科书，并没有预定的思想系统或中心思想。

不过它不能说是完全没有系统。这些年来我在学校里教书任职，和青年人接触的机会多，关于修养的许多实际问题引起在这本小册子里所发表的一些感想。问题自身有些联络，我的感想也随之有些联络。万变不离宗，谈来谈去，都归结到做人的道理。

它也不能说是完全没有中心思想。我的先天资禀与后天的陶冶所组成的人格是一个完整的有机体，我的每篇文章都是这有机体所放射的花花絮絮。我的个性就是这些文章的中心。如果向旁人检讨自己不是一桩罪过，我可以说：我大体上欢喜冷静、沉着、稳重、刚毅，以出世精神做入世事业，尊崇理性和意志，却也不菲薄情感和想象。我的思想就抱着这个中心旋转，我不另找玄学或形而上学的基础。我信赖我的四十余年的积蓄，不向主义铸造者举债。

这些文章大半是在匆迫中写成的。我每天要到校办公、上课、开会、和同事同学们搬唇舌、写信、预备功课。到晚来精疲力竭走回来，和妻子、女孩、女仆挤在一间卧室兼书房里，谈笑了一阵后，已是八九点钟，家人都睡去了，我才开始做我的工作，看书或是作文。这些文章就是这样在深夜里听着妻女打呼鼾写成的。因为体质素弱，精力不济，每夜至多只能写两小时，所以每篇文章随断随续，要两三夜才写成，运思的功夫还不在内。我虽然相当用心，文字终不免有些懈怠和草率。关于这一点，我对自己颇不满，同时也羡慕有闲暇著述的人们的幸福。

目前许多作者写书，尝自认想对建国万年大业有所贡献，摇一支笔杆，开一代宗风。我没有这种学问，也没有这种野心或错觉。这本小册子，我知道，像一朵浮云，片时出现，片时消失。但是我希望它在这片时间能藉读者的晶莹的心灵，如同浮云藉晶莹的潭水一般，呈现一片灿烂的光影。精神不灭，这影响尽管微细，也可以蔓延无穷。

1942 年冬在嘉定脱稿

目 录

谈修养

人生与修养

· 谈修养 ·

一番语重心长的话

—— 给现代中国青年

我在大学里教书，前后恰已十年，年年看见大批的学生进来，大批的学生出去。这大批学生中平庸的固居多数，英俊有为者亦复不少。我们辛辛苦苦地把一批又一批的训练出来，到毕业之后，他们变成什么样的人，做出什么样的事呢？他们大半被一个共同的命运注定。有官做官，无官教书。就了职业就困于职业，正当的工作消磨了二三分光阴，人事的应付消磨了七八分光阴。他们所学的原来就不很坚实，能力不够，自然做不出什么真正的事业来。时间和环境又不容许他们继续研究，不久他们原有的那一点浅薄学问也就逐渐荒疏，终身只在忙"糊口"。这样一来，他们的个人生命就平平凡凡地溜过去，国家的文化学术和一切事业也就无从发展。还有一部分人因为生活的压迫和恶势力的引诱，由很可有为的青年腐化为土豪劣绅或贪官污吏，把原来读书人的一副面孔完全换过，为非作歹，恬不知耻，使社会上颓风恶习一天深似一天，教育的功用究竟在哪里呢？

想到这点，我感觉到很烦闷。就个人设想，像我这样教书的人把生命断送在粉笔屑中，眼巴巴地希望造就几个人才出来，得一点精神上的安慰，而年复一年地见到出学校门的学生们都朝一条平凡而暗淡的路径走，毫无补于文化的进展和社会的改善。这种生活有何意义？岂不是自误误人？其次，就国家民族的设想，在这严重的关头，性格已固定的一辈子人似已无大希望，可希望的只有少年英俊，国家耗费了许多人力和财力来培养成千成万的青年，也正是希望他们将来能担负国家民族的重任，而结果他们仍随着前一辈子人的覆辙走，前途岂不很暗淡？

青年们常欢喜把社会一切毛病归咎于站在台上的人们，其实在台上的人们也还是受过同样的教育，经过同样的青年阶段，他们也曾同样地埋怨过前一辈子人。由此类推，到我们这一辈子青年们上台时，很可能地仍为下一辈子青年们不满。今日有理想的青年到明日往往变成屈服于事实而抛弃理想的堕落者。章宗祥领导过留日青年，打过媚敌辱国的蔡钧，而这位章宗祥后来做了外交部长，签订了二十一条卖国条约。汪精卫投过炸弹，坐过牢，做过几十年的革命工作，而这位汪精卫现在做了敌人的傀儡、汉奸的领袖。许多青年们虽然没有走到这个极端，但投身社会之后，投降于恶势力的实比比皆是。这是一个很可伤心的现象。社会变来变去，而组成社会的人变相没有变质，社会就不会彻底地变好。这五六十年来我们天天在讲教育，教育对于人的质料似乎没有发生很好的影响。这一辈子人睁着眼睛蹈前一辈子人的覆辙，下一辈子人仍然睁着眼睛蹈这一辈子人的覆辙，如此循环辗转，一报还一报，"长夜漫漫何时旦"呢？

社会所属望最殷的青年们，这事实和问题是值得郑重考虑的！时光向前疾驶，毫不留情去等待人，一转眼青年便变成中年、老年，一不留意便陷到许多中年人和老年人的厄运。这厄运是一部悲惨的三部曲。第一部是悬一个很高的理想，要改造社会；第二部是发现理想与事实的冲突，意志与社会恶势力相持不下；第三部便是理想消灭，意志向事实投降，没有改革社会，反被社会腐化。给它们一个简题，这是"追求""彷徨"和"堕落"。

青年们，这是一条死路。在你们的天真烂漫的头脑里，它的危险性也许还没有得到深切的了解，你们或许以为自己决不会走上这条路。但是我相信：如果你们没有彻底的觉悟，不拿出强毅的意志力，不下艰苦卓绝的功夫，不做脚踏实地的准备，你们是不成问题的仍走上这条路。数十年之后，你们的生命和理想都毁灭了，社会腐败依然如故，又换了一批像你们一样的青年来，仍是改革不了社会。朋友们，我是过来人，这条路的可怕我并没有夸张，那是绝对不能再走的啊！

耶稣宣传他的福音，说只要普天众生转一个念头，把心地洗干净，一以仁爱为怀，人世就可立成天国。这理想简单到不能再简单，可是也深刻到不能再深刻。极简单的往往是正途大道，因为易为人所忽略，也往往最不易实现。本来是很容易的事而变成最难实现的，这全由于人的愚蠢、怯懦和懒惰。世间事之难就难在人们不知道或是不能够转一个念头，或是转了念头而没有力量坚持到底。幸福的世界里决没有愚蠢者、怯懦者和懒惰者的地位。你要合理地生存，你就要有觉悟、有决心、有奋斗的精神和能力。

"知难行易"，这觉悟一个起点是我们青年所最缺乏的。大家都似在鼓里过日子，闭着眼睛醉生梦死，放弃人类最珍贵的清醒的理性，降落到猪豚一般随人饲养，随人宰割。世间宁有这样痛心的事！青年们，目前只有一桩大事——觉悟——彻底地觉悟！你们正在做梦，需要一个晴天霹雳把你们震醒，把"觉悟"两字震到你们的耳里去。

"条条大路通罗马"。实现人生和改良社会都不必只有一条路径可走。每个人所走的路应该由他自己审度自然条件和环境需要，逐渐摸索出来，只要肯走，迟早总可以走到目的地。无论你走哪一条路，你都必定立定志向要做人；做现代的中国人，你必须有几个基本的认识。

一、时代的认识——人类社会进化逃不掉自然律。关于进化的自然律，科学家们有不同的看法。依达尔文派学者，生物常在生存竞争中，最适者生存，不适者即归淘汰。依克鲁泡特金，社会的维持和发展全靠各分子能分工互助，互助也是本于天性。这两种相反的主张产生了两种不同的国际政治理想。一种理想是拥护战争，生存既是一种竞争，而在竞争中又只有最适者可生存，则造就最适者与维持最适者都必靠战争，战争是文化进展的最强烈的刺激剂。另一种理想是拥护和平，战争只是破坏，在战争中人类尽量发挥残酷的兽性，愈残酷愈贪摧毁，愈不易团结，愈不易共存共荣；要文化发展，我们需要建设，建设需要互助，需要仁爱，也需要和平。这两种理想各有片面的真理，相反适以相成，不能偏废。我们的时代是竞争最激烈的时代，也是最需要互助的时代。竞争是事实，而互助是理想。无论你竞争或是互助，你都要拿副本领来。在竞争中只有最适者才能生存，在互助中最不适者也不见得能坐享他人之成。所谓"最适"就是最有本领，近代的本领是学术思想，是技术，是组织力。无论是个人在国家社会中，或是民族在国际社会中，有了这些本领，才能和人竞争，也才能和人互助，否则你纵想苟且偷生，也必终归淘汰，自然铁律是毫不留情的。

二、国家民族现在地位的认识——我国数千年来闭关自守。固有的文化可以自给自足，而且四围诸国家民族的文化学术水准都比我们的低，不曾感到很严重的外来的威胁。从十九世纪以来，海禁大开，中国变成国际集团中的一分子，局面就陡然大变。我们现在遇到两重极严重的难关。第一，我们固有的文化学术不够应付现时代的环境。我们起初慑于西方科学与物质文明的威力，把固有的文化看得一文不值，主张全盘接受欧化；到现在所接受的还只是皮毛，毫不济事，情境不同，移植的树常不能开花结果，而且从两次大战与社会不安的状况看来，物质文明的误用也很危险，于是又有些人提倡固有文化，以为我们原来固有的全是对的。比较合理的大概是兼收并蓄，就中西两方成就截长补短，建设一种新的文化学术。但是文化学术须有长期的培养，不是像酵母菌可以一朝一夕制造出来的。我们从事于文化学术的人们能力都还太幼稚薄弱，还不配说建设。总之，我们旧的已去，新的未来，在这青黄不接的时候，我们和其他民族竞争或互助，几乎没有一套武器或工具在手里。这是一个极严重的局势。其次，我们现在以全副精力抗战建国。这两重工作中抗战是急需，是临时的；建国是根本，是长久的。多谢贤明领袖的指导与英勇将士的努力，多谢国际局面的转变，我们的抗战已逼近最后的胜利。这是我们的空前的一个好机会，从此我们可以在国际社会中做一个光荣的分子，从此我们可以在历史上开一个新局面。但是这"可以"只是"可能"而不是"必然"，由"可能"变为"必然"，还需要比抗战更艰苦的努力。抗战后还有成千成万的问题亟待解决，有许多恶习积弊要洗清，有许多文化事业和生产事业要建设。我们试问，我们的人才准备能否很有效率地担负这些重大的工作呢？要不然，我们的好机会将一纵即逝，我们的许多光明希望将终成泡影。我们的青年对此须有清晰的认识，须急起直追，抓住好时机不让放过。

三、个人对于国家民族的关系的认识——世界处在这个剧烈竞争的时代，国家民族处在这个一发千钧的关头，我们青年人所处的地位何如呢？有两个重要的前提我们必须认识清楚：

第一，国家民族如果没有出路，个人就决不会有出路；要替个人谋出路，必须先替国家民族谋出路。

第二，个人在社会中如果不能成为有力的分子，则个人无出路，国家民族也无出路。要个人在社会中成为有力的分子，必须有德有学有才，而德行学问才具都须经过艰苦的努力才可以得到。

以往我们青年的错误就在于对这两个前提毫无认识。大家都只为个人打计算，全不替国家民族着想。我们忙着贪图个人生活的安定和舒适，不下功夫培养造福社会的能力，不能把自己所应该做的事做好，一味苟且敷衍，甚至用种种不正当的手段去求个人安富尊荣，钻营、欺诈、贪污，无所不至，这样一来，把社会弄得日渐腐败，国家弄得日渐贫弱。这是一条不能再走的死路，我已一再警告过。我们必须痛改前非，把一切自私的动机痛痛快快地斩除干净，好好地在国家民族的大前提上做功夫。我们须知道，我们事事不如人，归根究竟，还是我们的人不如人。现在要抬高国家民族的地位，我们每个人必须培养健全的身体、优良的品格、高深的学术和熟练的技能，把自己造成社会中一个有力的分子。

这是三个最基本的认识。我们必须有这些认识，再加以艰苦卓绝的精神去循序实行，到死不懈，我们个人、我们国家民族，才能踏上光明的大道。最后，我还须着重地说，我们需要彻底的觉悟。

谈立志

　　抗战以前与抗战以来的青年心理有一个很显然的分别：抗战以前，普通青年的心理变态是烦闷；全面抗战以来，普通青年的心理变态是消沉。烦闷大半起于理想与事实的冲突。在全面抗战以前，青年对于自己前途有一个理想，要有一个很好的环境求学，再有一个很好的环境做事；对于国家民族也有一个理想，要把侵略的外力打倒，建设一个新的社会秩序。这两种理想在当时都似很不容易实现，于是他们急躁不耐烦，失望，以至于苦闷。全面抗战发生时，我们民族毅然决然地拼全副力量来抵挡侵略的敌人，青年们都兴奋了一阵，积压许久的郁闷为之一畅。但是这种兴奋到现在似已逐渐冷静下去，国家民族的前途比从前光明，个人求学就业也比从前容易，虽然大家都硬着脖子在吃苦，可是振作的精神似乎很缺乏。在学校的学生们对功课很敷衍，出了学校就职业的人们对事业也很敷衍，对于国家大事和世界政局没有像从前那样关切。这是一个很可忧虑的现象，因为横在我们面前的还有比抗敌更艰难的局面，需要更坚决更沉着的努力来应付，而我们青年现在所表现的精神显然不足以应付这种艰难的局面。

如果换个方式来说，从前的青年人病在志气太大，目前的青年人病在志气太小，甚至于无志气。志气太大，理想过高，事实迎不上头来，结果自然是失望烦闷；志气太小，因循苟且，麻木消沉，结果就必至于堕落。所以我们宁愿青年烦闷，不愿青年消沉。烦闷至少是对于现实的欠缺还有敏感，还可以激起努力；消沉对于现实的欠缺就根本麻木不仁，决不会引起改善的企图。但是说到究竟，烦闷之于消沉也不过是此胜于彼，烦闷的结果往往是消沉，犹如消沉的结果往往是堕落。目前青年的消沉与前五六年青年的烦闷似不无关系。烦闷是耗费心力的，心力耗费完了，连烦闷也不曾有，那便是消沉。

一个人不是生下来就烦闷或消沉的，因为人都有生气，而生气需要发扬，需要活动。有生气而不能发扬，或是活动遇到阻碍，才会烦闷或消沉。烦闷是感觉到困难，消沉是无力征服困难而自甘失败。这两种心理病态都是挫折以后的反应。一个人如果经得起挫折，就不会起这种心理变态。所谓经不起挫折，就是没有决心和勇气，就是意志薄弱。意志薄弱经不起挫折的人往往有一套自宽自解的话，就是把所有的过错都推诿到环境。明明是自己无能，而埋怨环境不允许我显本领；明明是自己甘心做坏人，而埋怨环境不允许我做好人。这其实是懦夫的心理，对于自己全不肯负责任。环境永远不会美满的，万一它生来就美满，人的成就也就无甚价值。人之所以可贵，就在他不像猪豚，被饲而肥，他能够不安于污浊的环境，拿力量来改变它，征服它。

普通人的毛病在责人太严，责己太宽。埋怨环境还由于缺乏自省自责的习惯。自己的责任必须自己担当起，成功是我的成功，失败也是我的失败。每个人是他自己的造化，环境不足畏，犹如命运不足信。我们的民族需要自力更生，我们每个人也是如此。我们的青年必须先有这种觉悟，个人和国家民族的前途才有希望。能责备自己，信赖自己，然后自己才能打出一个江山来。

我们有一句老话："有志者事竟成。"这话说得很好，古今中外在任何方面经过艰苦奋斗的英雄豪杰都可以做例证。志之成就是理想的实现。人为的事实都必基于理想，没有理想决不能成为人为的事实。譬如登山，先须存念头去登，然后一步一步地走上去，最后才会到达目的地。如果根本不起登的念头，登的事实自无从发生。这是浅例。世间许多行尸走肉浪费了他们的生命，就因为他们对于自己应该做的事不起念头。许多以教育为事业的人根本不起念头去研究，许多以政治为事业的人根本不起念头为国民谋幸福。我们的文化落后，社会紊乱，不就由于这个极简单的原因么？这就是上文所说的"消沉""无志气"。"有志者事竟成"，无志者事不成。

不过，"有志者事竟成"一句话也很容易发生误解，"志"字有几种意义：一是念头或愿望（wish），一是起一个动作时所存的目的（purpose），一是达到目的的决心（will, determination）。譬如登山，先起登的念头，次要一步一步地走，而这走必步步以登为目的，路也许长，障碍也许多，须抱定决心，不达目的不止，然后登的愿望才可以实现，登的目的才可以达到。"有志者事竟成"的"志"，须包含这三种意义在内：第一要起念头，其次要认清目的和达到目的之方法，第三是抱必达目的之决心。很明显的，要事之成，其难不在起念头，而在目的的认识与达到目的之决心。

有些人误解立志只是起念头。一个小孩子说他将来要做大总统，一个乞丐说他成了大阔佬要砍他的仇人的脑袋。所谓"癞蛤蟆想吃天鹅肉"，完全不思量达到这种目的所必有的方法和步骤，更不抱定循这方法步骤去达到目的之决心，这只是狂妄，不能算是立志。世间有许多人不肯学乘除加减而想将来做算学的发明家，不学军事、学当兵打仗而想将来做大元帅东征西讨，不切实培养学问技术而想将来做革命家改造社会，都是犯这种狂妄的毛病。

如果以起念头为立志，有志者事竟不成之例甚多。愚公尽可移山，精卫尽可填海，而世间却实有不可能的事情。我们必须承认"不可能"的真实性。所谓"不可能"，就是俗语所谓"没有办法"，没有一个方法和步骤去达到所悬想的目的。没有认清方法和步骤而想达到那个目的，那只是痴想而不是立志。志就是理想，而理想的理想必定是可实现的理想。理想普遍有两种意义：一是"可望而不可攀，可幻想而不可实现的完美"，比如许多宗教都以长生不老为人生理想，它成为理想，就因为事实上没有人长生不老。理想的另一意义是"一个问题的最完美的答案"，或是"可能范围以内的最圆满的解决困难的办法"。比如长生不老虽非人力所能达到，而强健却是人力所能达到的。就人的能力范围来说，强健是一个合理的理想。这两种意义的分别在一个蔑视事实条件，一个顾到事实条件，一个渺茫无稽，一个有方法步骤可循。严格地说，前一种是幻想、痴想而不是理想，是理想都必顾到事实。在理想与事实起冲突时，错处不在事实而在理想。我们必须接受事实，理想与事实背驰时，我们应该改变理想。坚持一种不合理的理想而至死不变只是匹夫之勇，只是"猪武"。我特别看重这一点，因为有些道德家在盲目说坚持理想，许多人在盲目地听。

我们固然要立志，同时也要度德量力。卢梭在他的教育名著《爱弥儿》里有一段很透辟的话，大意是说人生幸福起于愿望和能力的平衡。一个人应该从幼时就学会在自己能力范围以内起愿望，想做自己所能做的事，也能做自己所想做的事。这番话出诸浪漫色彩很深的卢梭尤其值得我们回味。卢梭自己有时想入非非，因此吃过不少苦头，这番话实在是经验之谈。许多烦闷，许多失败，都起于想做自己所不能做的事，或是不能做自己想要做的事。

　　志气成就了许多人，志气也毁坏了许多人。既是志，实现必不在目前而在将来。许多人拿立志远大作借口，把目前应做的事延宕贻误。尤其是青年们欢喜在遥远的未来摆出一个黄金时代，把希望全寄托在那上面，终日沉醉在迷梦里，让目前宝贵的时光与机会错过，徒贻后日无穷之悔。我自己从前有机会学希腊文和意大利文时没有下手，买了许多文法读本，心想到四十岁左右时当有闲暇岁月，许我从容自在地自修这些重要的文字，现在四十过了几年了，看来这一生似不能与希腊文和意大利文有缘分了，那箱书籍也恐怕只有摆在那里霉烂了。这只是一例，我生平有许多事叫我追悔，大半都像这样"志在将来"而转眼即空空过去。"延"与"误"永是连在一起，而所谓"志"往往叫我们由"延"而"误"。所谓真正立志，不仅要接受现在的事实，尤其要抓住现在的机会。如果立志要做一件事，那件事的成功尽管在很远的将来，而那件事的发动必须就在目前一顷刻。想到应该做，马上就做，不然，就不必发下一个空头愿。发空头愿成了一个习惯，一个人就会永远在幻想中过活，成就不了任何事业，听说抽鸦片烟的人想头最多，意志力也最薄弱。老是在幻想中过活的人在精神方面颇类似烟鬼。

我在很早的一篇文章里提出我个人做人的信条，现在想起，觉得其中仍有可取之处，现在不妨趁此再提出供读者参考。我把我的信条叫作"三此主义"，就是此身、此时、此地。一、此身应该做而且能够做的事，就得由此身担当起，不推诿给旁人。二、此时应该做而且能够做的事，就得在此时做，不拖延到未来。三、此地（我的地位、我的环境）应该做而且能够做的事，就得在此地做，不推诿到想象中的另一地位去做。

这是一个极现实的主义。本分人做本分事，脚踏实地，丝毫不带一点浪漫情调。我相信如果我们能够彻底地照着做，不至于很误事。西谚说得好："手中的一只鸟，值得林中的两只鸟。"许多"有大志"者往往为着觊觎林中的两只鸟，让手中的一只鸟安然逃脱。

朝抵抗力最大的路径走

我提出这个题目来谈，是根据一点亲身的经验。有一个时候，我学过作诗填词。往往一时兴到，我信笔直书，心里想到什么，就写什么，写成了自己读读看，觉得很高兴，自以为还写得不坏，后来我把这些处女作拿给一位精于诗词的朋友看，请他批评，他仔细看了一遍后，很坦白地告诉我说："你的诗词未尝不能作，只是你现在所作的还要不得。"我就问他："毛病在哪里呢？"他说："你的诗词都来得太容易，你没有下过力，你欢喜取巧，显小聪明。"听了这话，我捏了一把冷汗，起初还有些不服，后来对于前人作品多费过一点心思，才恍然大悟那位朋友批评我的话真是一语破的。我的毛病确是在没有下过力。我过于相信自然流露，没有知道第一次浮上心头的意思往往不是最好的意思，第一次浮上心头的词句也往往不是最好的词句。意境要经过洗炼，表现意境的词句也要经过推敲，才能脱去渣滓，达到精妙境界。洗炼推敲要吃苦费力，要朝抵抗力最大的路径走。福楼拜自述写作的辛苦说："写作要超人的意志，而我却只是一个人！"我也有同样感觉，我缺乏超人的意志，不能拼死力往里钻，只朝抵抗力最低的路径走。

这一点切身的经验使我受到很深的感触。它是一种失败，然而从这种失败中我得到一个很好的教训。我觉得不但在文艺方面，就在立身处世的任何方面，贪懒取巧都不会有大成就，要有大成就，必定朝抵抗力最大的路径走。

"抵抗力"是物理学上的一个术语。凡物在静止时都本其固有"惰性"而继续静止，要使它动，必须在它身上加"动力"，动力愈大，动愈速愈远。动的路径上不能无抵抗力，凡物的动都朝抵抗力最低的方向。如果抵抗力大于动力，动就会停止，抵抗力纵是低，聚集起来也可以使动力逐渐减少以至于消灭，所以物不能永动，静止后要它续动，必须加以新动力。这是物理学上一个很简单的原理，也可以应用到人生上面。人像一般物质一样，也有惰性，要想他动，也必须有动力。人的动力就是他自己的意志力。意志力愈强，动愈易成功；意志力愈弱，动愈易失败。不过人和一般物质有一个重要的分别：一般物质的动都是被动，使它动的动力是外来的；人的动有时可以是主动，使他动的意志力是自生自发自给自足的。在物的方面，动不能自动地随抵抗力之增加而增加；在人的方面，意志力可以自动地随抵抗力之增加而增加，所以物质永远是朝抵抗力最低的路径走，而人可以朝抵抗力最大的路径走。物的动必终为抵抗力所阻止，而人的动可以不为抵抗力所阻止。

照这样看，人之所以为人，就在能不为最大的抵抗力所屈服。我们如果要测量一个人有多少人性，最好的标准就是他对于抵抗力所拿出的抵抗力，换句话说，就是他对于环境困难所表现的意志力。我在上文说过，人可以朝抵抗力最大的路径走，人的动可以不为抵抗力所阻。我说"可以"不说"必定"，因为世间大多数人仍是惰性大于意志力，欢喜朝抵抗力最低的路径走，抵抗力稍大，他就要缴械投降。这种人在事实上失去最高生命的特征，堕落到无生命的物质的水平线上，和死尸一样东推东倒，西推西倒。他们在道德、学问、事功各方面都决不会有成就，万一以庸庸得厚福，也是叨天之幸。

人生来是精神所附丽的物质，免不掉物质所常有的惰性。抵抗力最低的路径常是一种引诱，我们还可以说，凡是引诱所以能成为引诱，都因为它是抵抗力最低的路径，最能迎合人的惰性。惰性是我们的仇敌，要克服惰性，我们必须动员坚强的意志力，不怕朝抵抗力最大的路径走。走通了，抵抗力就算被征服，要做的事也就算成功。举一个极简单的例子。在冬天早晨，你睡在热被窝里很舒适，心里虽知道这应该是起床的时候而你总舍不得起来，你不起来，则顺着惰性，朝抵抗力最低的路径走。被窝的暖和舒适，外面的空气寒冷，多躺一会儿的种种借口，对于起床的动作都是很大的抵抗力，使你觉得起床是一件天大的难事。但是你如果下一个决心，说非起来不可，一耸身你也就起来了。这一起来事情虽小，却表示你对于最大抵抗力的征服，你的企图的成功。

这是一个琐屑的事例，其实世间一切事情都可作如此看法。历史上许多伟大人物所以能有伟大成就者，大半都靠有极坚强的意志力，肯向抵抗力最大的路径走。例如孔子，他是当时一个大学者，门徒很多，如果他贪图个人的舒适，大可以坐在曲阜过他安静的学者的生活。但是他毕生东奔西走，席不暇暖，在陈绝过粮，在匡遇过生命的危险，他那副奔波劳碌栖栖遑遑的样子颇受当时隐者的嗤笑。他为什么要这样呢？就因为他有改革世界的抱负，非达到理想，他不肯甘休。《论语》长沮、桀溺章最足见出他的心事。长沮、桀溺二人隐在乡下耕田，孔子叫子路去向他们问路，他们听说是孔子，就告诉子路说："滔滔者天下皆是也，而谁以易之！"意思是说，于今世道到处都是一般糟，谁去理会它，改革它呢？孔子听到这话叹气说："鸟兽不可与同群，吾非斯人之徒与而谁与？天下有道，丘不与易也。"意思是说，我们既是人就应做人所应该做的事；如果世道不糟，我自然就用不着费气力去改革它。孔子平生所说的话，我觉这几句最沉痛，最伟大。长沮、桀溺看天下无道，就退隐躬耕，是朝抵抗力最低的路径走，孔子看天下无道，就牺牲一切要拼命去改革它，是朝抵抗力最大的路径走。他说得很干脆："天下有道，丘不与易也。"

再如耶稣，从《新约》中四部《福音》看，他的一生都是朝抵抗力最大的路径走。他抛弃父母兄弟，反抗当时旧犹太宗教，攻击当时的社会组织，要在慈爱上建筑一个理想的天国，受尽种种困难艰苦，到最后牺牲了性命，都不肯放弃了他的理想。在他的生命史中有一段是一发千钧的危机。他下决心要宣传天国福音后，跑到沙漠里苦修了四十昼夜。据他的门徒的记载，这四十昼夜中他不断地受恶魔引诱。恶魔引诱他去争尘世的威权，去背叛上帝，崇拜恶魔自己。耶稣经过四十昼夜的挣扎，终于拒绝恶魔的引诱，坚定了对于天国的信念。从我们非教徒的观点看，这段恶魔引诱的故事是一个寓言，表示耶稣自己内心的冲突。横在他面前的有两路：一是上帝的路，一是恶魔的路。走上帝的路要牺牲自己，走恶魔的路他可以握住政权，享受尘世的安富尊荣。经过了四十昼夜的挣扎，他决定了走抵抗力最大的路——上帝的路。

我特别在耶稣生命中提出恶魔引诱的一段故事，因为它很可以说明宋明理学家所说的天理与人欲的冲突。我们一般人尽善尽恶的不多见，性格中往往是天理与人欲杂糅，有上帝也有恶魔，我们的生命史常是一部理与欲、上帝与恶魔的斗争史。我们常在歧途徘徊，理性告诉我们向东，欲念却引诱我们向西。在这种时候，上帝的势力与恶魔的势力好像摆在天平的两端，见不出谁轻谁重。这是"一发千钧"的时候，"一失足即成千古恨"，一挣扎立即可成圣贤豪杰。如果要上帝的那一端天平沉重一点，我们必须在上面加一点重量，这重量就是拒绝引诱、克服抵抗力的意志力。有些人在这紧要关头拿不出一点意志力，听惰性摆布，轻轻易易地堕落下去，或是所拿的意志力不够坚决，经过一番冲突之后，仍然向恶魔缴械投降。例如洪承畴本是明末一个名臣，原来也很想效忠明朝，恢复河山。清兵入关后，大家都预料他以死殉国，清兵百计劝诱他投降，他原也很想不投降，但是到最后终于抵不住生命的执着与禄位的诱惑，做了明朝的汉奸。再举一个眼前的例子，汪精卫前半生对于民族革命很努力，当这次抗战开始时，他广播演说也很慷慨激昂。谁料到他的利禄熏心，一经敌人引诱，就起了卖国叛党的坏心事。依陶希圣的记载，他在上海时似仍感到良心上的痛苦，如果他拿一点意志力，及早回头，或以一死谢国人，也还不失为知过能改的好汉。但是他拿不出一点意志力，就认错做错，甘心认贼作父。世间许多人失节败行，都像汪精卫、洪承畴之流，在紧要关头，不肯争一口气，就马马虎虎地朝抵抗力最低的路径走。

这是比较显著的例，其实我们涉身处世，随时随地目前都横着两条路径，一是抵抗力最低的，一是抵抗力最大的。比如当学生，不死心塌地去做学问，只敷衍功课，混分数文凭；毕业后不拿出本领去替社会服务，只奔走巴结，夤缘幸进，以不才而在高位；做事时又不把事当事做，只一味因循苟且，敷衍公事，甚至于贪污淫逸，遇钱即抓，不管它来路正当不正当——这都是放弃抵抗力最大的路径而走抵抗力最低的路径。这种心理如充类至尽，就可以逐渐使一个人堕落。我常穷究目前中国社会腐败的根源，以为一切都由于懒。懒，所以苟且因循敷衍，做事不认真；懒，所以贪小便宜，以不正当的方法解决个人的生计；懒，所以随俗浮沉，一味圆滑，不敢为正义公道奋斗；懒，所以遇引诱即堕落，个人生活无纪律，社会生活无秩序。知识阶级懒，所以文化学术无进展；官吏懒，所以政治不上轨道；一般人都懒，所以整个社会都"吊儿郎当"、暮气沉沉。懒是百恶之源，也就是朝抵抗力最低的路径走。如果要改造中国社会，第一件心理的破坏工作是除懒，第一件心理的建设工作是提倡奋斗精神。

生命就是一种奋斗，不能奋斗，就失去生命的意义与价值；能奋斗，则世间很少不能征服的困难。古话说得好，"有志者事竟成"。古希腊最大的演说家是德摩斯梯尼，他生来口吃，一句话也说不清楚，但他抱定决心要成为一个大演说家。他天天一个人走到海边，向着大海练习演说，到后来居然达到了他的志愿。这个实例阿德勒派心理学家常喜援引。依他们说，人自觉有缺陷，就起"卑劣意识"，自耻不如人，于是心中就起一种"男性的抗议"，自己说我也是人，我不该不如人，我必用我的意志力来弥补天然的缺陷。阿德勒派学者用这种原则解释许多伟大人物的非常成就，例如聋子成为大音乐家，瞎子成为大诗人之类。我觉得一个人的紧要关头在起"卑劣意识"的时候。起"卑劣意识"是知耻，孔子说得好，"知耻近乎勇"。但知耻虽近乎勇而却不是勇。能勇必定有阿德勒派所说的"男性的抗议"。"男性的抗议"就是认清了一条路径上抵抗力最大而仍然勇往直前，百折不挠。许多人虽天天在"卑劣意识"中过活，却永不能发"男性的抗议"，只知怨天尤人，甚至于自己不长进，希望旁人也跟着他不长进，看旁人长进，只怀满肚子醋意。这种人是由知耻回到无耻辱，注定地要堕落到十八层地狱，永不超生。

能朝抵抗力最大的路径走，是人的特点。人在能尽量发挥这特点时，就足见出他有富裕的生活力。一个人在少年时常是朝气勃勃，有志气，肯干，觉得世间无不可为之事，天大的困难也不放在眼里。到了年事渐长，受过了一些磨折，他就逐渐变成暮气沉沉，意懒心灰，遇事都苟且因循，得过且过，不肯出一点力去奋斗。一个人到了这时候，生活力就已经枯竭，虽是活着，也等于行尸走肉，不能有所作为了。所以一个人如果想奋发有为，最好是趁少年血气方刚的时候，少年时如果能努力，养成一种勇往直前百折不挠的精神，老而益壮也还是可能的。

一个人的生活力之强弱，以能否朝抵抗力最大的路径为准，一个国家或是一个民族也是如此。这个原则有整个的世界史证明。姑举几个显著的例，西方古代最强悍的民族莫如罗马人，我们现在说到能吃苦肯干，重纪律，好冒险，仍说是"罗马精神"。因其有这种精神，所以罗马人东征西讨，终于统一了欧洲，建立一个庞大的殖民帝国。后来他们从殖民地获得丰富的资源，一般罗马公民都可以坐在家里不动而享受富裕生活，于是变成骄奢淫逸，无恶不为，一到新兴的"野蛮"民族从欧洲东北角向南侵略，罗马人就毫无抵抗而分崩瓦解。再如清朝，他们在入关以前过的是骑猎生活，民性最强悍，很富于吃苦冒险的精神，所以到明末张李之乱社会腐败素乱时，他们以区区数十万人之力就能入主中夏。可是他们做了皇帝之后，一切皇亲国戚都坐着不动吃皇粮，享大位，过舒服生活，不到三百年，一个新兴民族就变成腐败不堪，辛亥革命起，我们就轻轻易易地把他们推翻了。我们如果要明白一个民族能够堕落到什么地步，最好去看看北平的旗人。

我们中华民族在历史上经过许多波折，从周秦到现在，没有哪一个时代我们不遇到很严重的内忧，也没有哪一个时代我们没有和邻近的民族挣扎，我们爬起来蹶倒，蹶倒了又爬起，如此者已不知若干次。从这简单的史实看，我们民族的生活力确是很强旺，他经过不断的奋斗才维持住他的生存权。这一点祖传的力量是值得我们尊重的。

于今我们又临到严重的关头了。横在我们面前的只有两条路，一是汪精卫和一班汉奸所走的，抵抗力最低的——屈服；一是我们全民族所走的，抵抗力最大的——抗战。我相信我们民族的雄厚的生活力能使我们克服一切困难。不过我们也要明白，我们的前途困难还很多，抗战胜利只解决困难的一部分，还有政治、经济、文化、教育各方面的建设工作还需要更大的努力。一直到现在，我们所拿出来的奋斗精神还是不够。因循、苟且、敷衍，种种病象在社会上还是很流行。我们还是有些老朽，我们应该趁早还童。

孟子说："天将降大任于斯人也，必先苦其心志，劳其筋骨，饿其体肤，空乏其身，行拂乱其所为，所以动心忍性，增益其所不能。"于今我们的时代是"天将降大任于斯人"的时代了，孟子所说的种种磨折，我们正在亲领身受。我希望每个中国人，尤其是青年们，要明白我们的责任，本着大无畏的精神，不顾一切困难，向前迈进。

谈青年的心理病态

这题目是一位青年读者提议要我谈的。他的这个提议似显示青年们自己感觉到他们在心理上有毛病。这毛病究竟何在，是怎样酝酿成的，最好由青年们自己做一个虚心的检讨。我是一个中年人，和青年人已隔着一层，现时代和我当青年的时代也迥然有别，不能全据私人追忆到的经验，刻舟求剑似的去臆测目前的事实。我现在所谈的大半根据在教书任职时的观察，观察有时不尽可据，而且我的观察范围限于大学生。我希望青年读者们拿这旁观者的分析和他们自己的自我检讨比较，并让我知道比较的结果。这于他们自己有益，于我更有益。

一个人的性格形成，大半固靠自己的努力，环境的影响也不可一笔抹杀。"豪杰之士虽无文王犹兴"，但是多数人并非豪杰之士，就不能不有所凭借。很显然的，现时一般青年所可凭借的实太薄弱。他们所走的并非玫瑰之路。

先说家庭。多数青年一入学校，便与家庭隔绝，尤其是来自沦陷区域的。在情感上他们得不到家庭的温慰。抗战期中一般人都感受经济的压迫，衣食且成问题，何况资遣子弟受教育。在经济上他们得不到家庭的援助。父兄既远隔，又各为生计所迫，终日奔波劳碌，既送子弟入学校，就把一切委托给学校，自己全不去管。在学业品行上他们得不到家庭的督导。这些还只是消极的，有些人能受到家庭影响的，所受的往往是恶影响。父兄把教育子弟当作一种投资，让他们混资格去谋衣食，子弟有时顺承这个意旨，只把学校当作进身之阶，此其一。父兄有时是贪官污吏或土豪劣绅，自己有许多恶习，让子弟也染着这些恶习，此其二。中国家庭向来是多纠纷，而这种纠纷对于青年人常是隐痛，易形成心理的变态，此其三。

次说社会国家。中国社会正当新旧交替之际，过去封建时代的许多积弊恶习还没有涤除净尽，贪污腐败欺诈凌虐的事情处处都有。青年人心理单纯，对于复杂的社会不能了解。他们凭自己的单纯心理，建造一种难于立即实现的社会理想，而事实却往往与这理想背驰，他们处处感觉到碰壁，于是失望、怀疑、悲观等情绪源源而来。其次，青年人富于感受性，少定见，好言是非而却不真能辨别是非，常轻随流俗转移，有如素丝，染于青则青，染于黄则黄。社会既腐浊，他们就不知不觉地跟着它腐浊。总之，目前环境对于纯洁的青年是一种恶性刺激，对于意志薄弱的青年是一种恶性引诱。加以国家处在危难的局面，青年人心里抱着极大的希望，也怀着极深的忧惧。他们缺乏冷静的自信，任一股热情鼓荡，容易提升到高天，也容易降落到深渊。一个人叠次经过这种疟疾式的暖冷夹攻，自然容易变成虚弱。在身体方面如此，在精神方面也如此。

再次说学校。教育必以发展全人为宗旨，德育、智育、美育、群育、体育五项应同时注重。就目前实际状况说，德育在一般学校等于具文，师生的精力都集中于上课，专图授受知识，对于做人的道理全不讲究。优秀青年感觉到这方面的缺乏而彷徨，顽劣青年则放纵恣肆，毫无拘束。即退一步言智育，途径亦多错误，灌输多于启发，浅尝多于深入，模仿多于创造，揣摩风气多于效忠学术。在抗战期中，师资与设备多因陋就简，研究的风气尤不易提高。向学心切者感觉饥荒，凡庸者敷衍混资格。美育的重要不但在事实上被忽略，即在理论上亦未被充分了解。我国先民在文艺上造就本极优越，而子孙数典忘祖，有极珍贵的文艺作品而不知欣赏，从事艺术创造者更寥寥。大家都迷于浅狭的功利主义，对文艺不下功夫，结果乃有情操驳杂、趣味卑劣、生活干枯、心灵无寄托等种种现象。群育是吾国人向来缺乏的，现代学校教育对此亦毫无补救。一般学校都没有社会生活，教师与学生相视如路人，同学彼此也相视如路人。世间大概没有比中国大学教授与学生更孤僻更寂寞的一群动物了。体育的忽略也不自今日始，有些学生们还在鄙视运动，黄皮刮瘦几乎是知识阶级的标志。抗战中忽略运动之外又添上缺乏营养。我常去参观学生吃饭，七八人一席只有一两碗无油的蔬菜，有时甚至只有白饭。吃苦本是好事，亏损虚弱却不是好事。青年人正当发育时期，日复一日年复一年地缺乏最低限度的营养，结果只有亏损虚弱，甚至于疾病死亡。心理的毛病往往起于生理的毛病，生理的损耗必酿成心理的损耗。这问题有关于民族的生命力，凡是有远见的教育家、政治家都不应忽视。

家庭、社会、国家和学校对于青年人的影响如上所述。在这种情形之下，青年人在心理方面发生下列几种不健康的感觉。

第一是压迫感觉。青年人当生气旺盛的时候，有如春日的草木萌芽，需要伸展与生长，而伸展与生长需要自由的园地与丰富的滋养。如果他们像墙角生出来的草木，上面有沉重的砖石压着，得不着阳光与空气，他们只得黄瘦萎谢，纵然偶尔能费力支撑，破石罅而出，也必变成臃肿拳曲，不中绳墨。不幸得很，现代许多青年都恰在这种状况之下出死力支撑层层重压。家庭对于子弟上进的企图有时做不合理的阻挠，社会对于勤劳的报酬不尽有保障，国家为着政策有时须限制思想与言论的自由，学校不能使天赋的聪明与精力得充分发展，国家前途与世界政局常纠缠不清，强权常歪曲公理。这一切对于青年人都是沉重的压迫，此外又加上经济的艰窘，课程的繁重，营养缺乏所酿成的体质羸弱，真所谓"双肩上公仇私仇，满腔儿家忧国忧"。一个人究竟有几多力量，能支撑这层层重压呢？撑不起，却也推不翻，于是都积成一个重载，压在心头。

其次是寂寞感觉。人是富于情感的动物，人也是群居的动物，所以人需要同类的同情心最为剧烈。哲学家和宗教家抓住这一点，所以都以仁爱立教。他们知道人类只有在仁爱中才能得到真正幸福。青年人血气方刚，同情的需要比中年人与老年人更为迫切。我们已经说过，现代中国青年不常能得到家庭的温慰，在学校里又缺乏社会生活，他们终日独行踽踽，举目无亲，人生最强烈的要求不能得到最低限度的满足，他们心里如何快乐得起来呢？这里所谓"同情心"包含异性的爱在内。男女中间除着人类同情心的普遍需要之外，又加上性爱的成分，所以情谊一旦投合，便特别坚强。这是一个极自然的现象，不容教育家们闭着眼睛否认或推翻。我们所应该留意的是施以适当教育，因势利导，纳于正轨，不使其泛滥横流。这些年来我们都在采男女同学制，而对于男女同学所有的问题未加精密研究，更未予以正确指导。结果男女中间不是毫无来往，便是偷偷摸摸地来往。毫无来往的似居多数，彼此摆在面前，徒增一种刺激。许多青年人的寂寞感觉，细经分析起来，大半起于异性中缺乏合理而又合体的交际。

第三是空虚感觉。"自然厌恶空虚"，这个古老的自然律可应用于物质，也可应用于心灵。空虚的反面是充实，是丰富。人生要充实丰富，必须有多方的兴趣与多方的活动。一个在道德、学问、艺术或事业方面有浓厚兴趣的人，自然能在其中发现至乐，决不会感觉到人生的空虚。宋儒教人心地常有"源头活水"，此心须常是"活泼泼的"。又教人玩味颜子在箪食瓢饮的情况之下"所乐何事"，用意都在使内心生活充实丰富。据近代一般心理学家的见解，艺术对于充实内心生活的功用尤大，因为它帮助人在事事物物中都可发现乐趣。观照就是欣赏，而欣赏就是快乐。现在一般青年人对学术既无浓厚兴趣，对艺术及其他活动更漠不置意，生活异常干枯贫乏，所以常感到人生空虚。此外又加上述的压迫与寂寞，使他们追问到人生究竟，而他们的单纯头脑所能想出的回答就是"空虚"。他们由自己个人的生活空虚推论到一般人生的空虚，犯着逻辑学家所谓"以偏概全"的错误。个人生活的空虚往往是事实，至于一般人生是否空虚则大有问题，至少历史上许多伟大人物不是这么想。

以上所说的三种不健康的感觉都有几分是心病，但是它们所产生的后果更为严重。在感觉压迫、寂寞和空虚中，青年人始而彷徨，身临难关而找不着出路，踌躇不知所措；继而烦闷，仿佛以为家庭、社会、国家、学校以至于造物，都有意在和他们为难，不让他们有一件顺心事，于是对一切生厌恶，动辄忧郁、烦躁、苦闷；继而颓唐麻木，经不起一再挫折，逐渐失去辨别是非的敏感与向上的意志，随世俗苟且敷衍，以"世故"为智慧，视腐浊为人情之常。彷徨犹可抉择正路，烦闷犹可力求正路，到了颓唐麻木，就势必至于堕落，无可救药了。我不敢说现在多数青年都已到了颓唐麻木的阶段，但是我相信他们都在彷徨烦闷，如果不及早振作，离颓唐麻木也就不远了。总之，我感觉到现在青年人大半缺乏青年人所应有的朝气，对一切缺乏真正的兴趣和浓厚的热情。他们的志向大半很小，在学校只求敷衍毕业，以后找一个比较优裕的差缺，姑求饱暖舒适，就混过这一生。自然也偶尔遇着少数的例外，但少数例外优秀的青年则势孤力薄，不能造成一种风气。现时代的青年，就他们所表现的精神而论，决不能担当起现时代的艰巨任务。这是有心人不能不为之忧惧的。

这种现状究竟如何救济呢？照以上的分析，病的成因远在家庭、社会、国家与学校所给的不良的影响，近在青年人自己承受这影响而起的几种不健康的感觉。治本的办法当然是改良环境的影响，尤其是学校教育。这要牵涉到许多问题，非本文所能详谈。这里我只向青年人说话，说的话限于在我想是他们可以受用的，就是他们如何医治自己，拯救自己。

第一，青年人对于白己应有勇气负起责任。我们旁观者分析青年人的心理性格，把环境影响当作一个重要的成因，是科学家所应有的平正态度。但是我们也须补充一句，环境影响并非唯一的决定因素，世间有许多人所受的环境影响几乎完全相同，而成就却有天渊之别，这就是证明个人的努力可以胜过环境的影响。青年们自己不应该把自己的失败完全推诿到环境影响，如果这样办，那就是对自己不负责任，为自己不努力去找借口。我们旁观者固不能以豪杰之士期待一切青年，但是每一个青年自己却不应只以庸碌人自期待。旁人在同样环境之下所能达到的成就，他如果达不到，他就应自引以为耻。对自己没有勇气负责的人在任何优越环境之下，都不会有大成就。对自己负责任，是一切向上心的出发点。

其次，青年人应知实事求是，接受当前事实而谋应付，不假想在另一环境中自己如何可以显大本领，也不把自己现在不能显本领的过失推诿到现实环境。自己所处的是甲境，应付不好，聊自宽解说："如果在乙境，我必能应付好。"这是"文不对题"，仍是变态心理的表现。举个具体的例：问一位青年人为什么不努力做学问，他回答说："教员不好，图书不够，饭没有吃饱。"这样一来，他就把责任推诿得干干净净了。他应该知道，教员不好，图书不够，饭没有吃饱，这些都是事实；他须接受这些事实去应付。如果能设法把教员换好，图书买够，饭吃饱，那固然再好没有；如果这些一时为事实所不允许，他就得在教员不好、图书不够、饭没有吃饱的事实条件之下，研究一个办法，看如何仍可读书做学问。他如果以为这样的事实条件不让他能读书做学问，那就是承认自己的失败；如果只假想在另一套事实条件之下才读书做学问，那就是逃避事实而又逃避责任。

第三，青年人应明了自己的心病须靠自己努力去医治。法国有一位心理学家——库维——发明了一种自治疗术，叫作"自暗示"。依这个方法，一个人如果有什么毛病，只要自己常专心存着自己必定好的念头，天天只朝好处想，决不朝坏处想，不久他自会痊愈。他实验过许多病人，无论所患的是生理方面的病或是心理方面的病，都特著奇效。他的实验可证明自信对于一个人的心理影响非常之大。自信是一个不幸的人，就随时随地碰着不幸事；自信是一个勇敢的人，世间便无不可征服的困难。许多青年人所缺乏的正在自信心。没有自信心就没有勇气，困难还没有临头就自认失败。

　　比如上文所说的三种不健康的感觉，都并非绝对不可避免的。如果能接受事实，有勇气对自己负责任，尽其在我，不计成败，则压迫感觉不致发生。每个人都需要同情，如果每个人都肯拿一点同情出来对付四周的人，则大家互有群居之乐，寂寞感觉不致发生。人生来需要多方活动，精力可发泄，心灵有寄托，兴趣到处泉涌，则生活自丰富，空虚感觉不致发生。这些事都不难做到，一般青年人所以不能做到者，原因就在没有自信，缺乏勇气，不肯努力。

个人本位与社会本位的伦理观

社会由个人集合而成，而个人亦必生存于社会。由前一点说，个人是主体，社会是扩充；由后一点说，社会是主体，个人是附庸。粗略地说，中国传统的伦理思想偏重前一个看法，西方传统的伦理思想偏重后一个看法。

中国思想界最占势力的是道家与儒家。道家思想有两个基本原则：一是极端的自然主义，一是极端的个人主义。唯其偏重自然主义，所以蔑视制度文为。一切都应任其自然，无为而治，凡是制度文为都是不必要的纷扰，我们必须把它们丢开，回到"自然状态"中的浑朴真纯，才能达到太平安乐景象。唯其侧重个人主义，所以蔑视社会。虽说"大患在于有身"，而身究竟贵于天下一切，尊生贵己，长生久视，是道家极重视的一套功夫。"民至老死不相往来"，自然说不到个人转移社会，更说不到社会影响个人。老子所谓"我无为而民自化，我无事而民自富，我无欲而民自朴"，其实并非有所作为，不过人人各安其所，把文化与生活需要降到极低限度，互不侵犯，"共存共荣"而已。道家反对社会，所以反对适用于社会的一切美德如仁义礼智之类。他们的理想是"遗世独立""超然物表"，儒家与道家彻底不同的地方在淑世心切，极重有为，要把世界由"自然状态"提升到"文化状态"。但是儒家虽不倡个人主义，而论道德、说仁义，却全从个人本位出发。修身诚意，克己复礼，是基本功夫，齐家、治国、平天下不过是修身以后的效用。政治只是一种教育，而教育又只是人格感化。季康子问政，孔子回答说："政者正也，子帅以正，孰敢不正？"己立立人，己达达人；达固可兼善天下，穷仍可独善其身。儒家所提倡的美德大半含有社会性，但是他们所着重的却不在它的社会性而在它对于个人修养的重要。比如说仁与敬是儒家所极重视的，仁必有对象，敬亦必有对象，但儒家并不着重仁与敬对于人（社会）的效用，而着重它们在个人内心是美德。儒家颇鄙视功利主义，很有"为道德而道德"的精神。

西方思想最占优势的是古希腊人所传下来的哲学系统和从希伯来所吸收过来的基督教。哲学支流虽多，谈伦理大半从社会本位出发。最显著的是柏拉图和黑格尔，他们都以为国家高于一切，个人幸福应以社会幸福为本。卢梭本是菲薄社会者，也说民约既成，个人意志即须受制于公众意志。近代西方人所提倡的自由似稍替个人主义助声势，但是他们的理想的自由，如穆勒所标榜的，是"最多数人的最大量的幸福"，仍不脱社会本位的看法。至于基督教本是被压迫民族所酝酿成的一种宗教，在欧洲社会开始崩溃时流传到西方，其要义为平等博爱，实针对当时欧洲社会的病象，含有很浓厚的社会革命意味。耶稣被认为救世主，他的受刑是为全人类赎罪。耶稣教徒的理想是天国的实现而不是个人的享乐。耶稣教所以深入人心的原因，除着提出与现实黑暗世界相对照的一个光明灿烂的天国以外，还有同教门中的极强烈的"弟兄感"。总之，耶稣教之成功，正因其是从社会本位出发的宗教。哲学与宗教在西方所以走到侧重社会的方向，原因大概在西方国小，个人与社会的关系易于感觉到，"道德"（morality）一词在西文原义本为"习俗"。近代西方伦理学家以为道德起源于人与人的关系，离开社会，便无道德可言，甚至有人以为行为之为善为恶，就看他对于社会有益或有害；社会学家以为道德只是社会习俗所逐渐演成的，变其所以然为其所当然，所以伦理学应由规范科学变为自然科学；政治经济学家以为人的好坏大半由于社会环境，说到究竟，个人的道德责任应由社会担负起，要改善个人，先要改善社会。

这两种不同的看法形成中西文化思想的两种不同的类型，中国人侧重个人本位，所以道德的观念特别浓厚，政治法律思想多从伦理出发，伦理学与政治学、法律学有一个一贯的条理。西方人侧重社会本位，所以法的观念特别浓厚，伦理思想常为政治法律思想所左右，在大哲学家的系统中，政治法律伦理虽亦彼此呼应，而普通伦理学所讲的是一回事，政治学和法律学所讲的又另是一回事，彼此很少关联。

人是社会的动物，他是一个人，也是社会一分子，我们的基本问题有两个：一、离开社会一分子的地位，一个人在人的地位有无道德修养可言呢？二、一个人在社会一分子的地位所表现的道德修养，是否要根据他在人的地位所表现的道德修养呢？中国传统思想对于这两个问题向来予以很肯定的答复。西方思想或是忽略这两个思想，或是根本否认它们有何意义。这两种思想类型各有其环境背景，我们不必武断地加以评价；而且说到类型，都不免普泛粗略，中国人也未尝不偶有从社会本位出发，西方人也未尝不偶有从个人本位出发。不过就大体说，中国人以为一个人须先是自己是个好人，对社会才会是好人，个人好，社会才能好；西方人认为一个人对于社会是好人，才算是好人，社会好，个人就容易好。他们同以人好与社会好为理想，不过着重点不同，我们可以借用物理学的术语说，中国人的伦理观是"离心的"，由内而外的；西方人的伦理观是"向心的"，由外而内的。

　　这两种看法也可以说不只是中西的分别，而是新旧的分别。很显然的，在西方偏重社会本位的看法到现代更加彰明较著，中国人近来受西方思想的影响，也逐渐倾向社会本位的看法，这也是自然的趋势。文化愈先进，社会组织愈繁复而严密，社会的势力日渐大，个人的力量也就日渐小，在现代情况下，以个人转移社会较难，以社会转移个人则甚易。我们的问题是：在现代情况之下，假如一个社会坏到不易收拾的地步，有什么原动力可以收拾它，改善它呢？依中国传统的看法，人存则政举，转移风化必赖贤哲，在一个坏的社会中，如果有少数个人敦品励行，标出一个好榜样，使多数人逐渐受感化，造成一个新风气，然后那个社会自然会变好。依一部分西方学者的看法，社会自身本其固有的力量逐渐转变，它所潜藏的弱点就是它向另一个方向转变的萌芽，正反相成，新陈代谢，否极自然泰来。比如封建社会到走不通时，自然会转变到近代国家社会；农业社会走不通时，自然会转变到工业社会；私产社会走不通时，自然会转变到企业公营社会。每阶段的社会有它的特殊理想和道德观念。照这个看法，社会是能以自力更生的有机体，所谓"自力"就是物质条件，物质条件的大势所趋有如排山倒海，人力（至少是个人的力量）是无可如之何的。

总之，社会转变不出两种方式，或由自变，或由人变。这两种方式也并不必彼此冲突。我们承认社会本身有一个常趋转变的大势，同时，我们也不能否认少数人的努力也往往可以促成、延滞，或转移这个大势。"时势造英雄，英雄亦造时势"，这句老话究竟不错。极端的唯物史观不能使我们满意，就因为它多少是一种定命论，它剥夺了人的意志自由，也就取消了人的道德责任和努力的价值。我们必须承认人力可以改造社会，然后我们遇着环境的困难才不会绝望，而我们的努力也才有意义与价值，我们也才能够说：把这世界安排得较合理想一点，是我们每个人的责任。

我特别提出这个问题来谈，用意是在解答目前一般人所最焦虑的一个问题：中国社会如何可以变好呢？多数青年着眼到社会的黑暗一方面，在这问题面前彷徨、苦闷，以至于绝望。在他们看，这社会积弊太深，积重难返，对于每个人是一种推不翻的重压，纵然有少数人的努力也是独木难支大厦，这种心理是必须彻底消除的。我从前曾写过一段话，现在还觉得不错："社会愈恶愈需要有少数特立独行的人们去转移风气。一个学校里学生纵然十人有九人奢侈，一个简朴的学生至少可以显出奢侈与简朴的分别；一个机关的官吏纵然十人有九人贪污，一个清严的官吏至少可以显出贪污与清严的分别。好坏是非都由相形之下见出。一个社会到了腐败的时候，大家都跟旁人向坏处走，没有一个人反抗潮流，势必走到一般人完全失去是非好坏分别的意识，而世间就无所谓羞耻事了。所以全社会都坏时，如果有一个好人存在，他的意义与价值是不可测量的。"世间事有因就必有果，种下善因，迟早必得善果。物理的力不灭，精神的力更不灭，它能够由一人而感发十人百人以至于无数人。所谓"风气"就是这样培养成的。

要复兴中国民族，我们必须在青年心理中养成对于个人努力的信任。道理原来很简单，分子不健全，团体决不会健全，我们的环境日渐其难，不努力决不能侥幸成功。现在许多人仍妄存侥幸的心理，以为我们在竞存的世界中，纵然没有能力，还可以卖老招牌，充空心大老倌，或是以为我们自己纵然无能，旁人也许会慷慨好施，助我们立国。这种心理最荒唐也最危险。将来我们的生存权必寄托于全民族每个分子的努力，这是确无疑义的天经地义。借自己的努力，艰苦卓绝地奋斗到底，以求征服一切环境困难，达到我们所追求的理想，这是我们所应崇奉的英雄主义。依照这种英雄主义，我们必须尊敬而且维护社会上一切环境困难而能挺身奋斗者，必须鄙弃而且消灭社会上一切侥幸苟安者、夤缘幸进者和颓废因循者。社会像生物一样，寄生虫愈多，也就愈易枯朽。无功受禄者与不才而在高位者都是社会的寄生虫，他们日蛀蚀，夜蛀蚀，终久会将社会蛀蚀成枯壳。关于这一点，我觉得政教当局须特别注意，为着自树声势而多引用或扶助一个无品学的青年，便是多奖励一分苟且侥幸的心理，多打消一分艰苦奋斗的精神。这种办法可危及国家命脉，我们当知警惕。

我个人深切地感觉到中国社会所以腐浊，实由我们的质料太差，学问、品格、才力，件件都经不起衡量。要把中国社会变好，第一须把人的质料变好。我并不敢菲薄现代青年，我总觉得现代青年大半仍在鼓里过日子，没有明白自己的责任，更不肯出死力去尽自己的责任，多数人徒以学校为进身干禄之阶，品格固不砥砺，学问也止于浅尝肤受。这种风气必须改变过，中国才真正有希望。

改变风气是教育的事，但是教育却不仅是学校的事。学问固然应该多给青年们以良好的影响，而学校以外的政教当局与整个社会也应该少给青年们以不良的影响。在过去，学校与社会都显然没有充分地尽它们的责任，应该自惭的地方甚多，彼此都需要严厉的自省与自责。

我近来读了两部基督教会史，心里颇多感触。耶稣和他的十二门徒与早期神父，除着圣保罗以外，大半出身下层社会，没有什么学问。他们处境又非常困难，内受犹太同胞的倾轧，外受罗马政权的凌虐。然而在三四百年间，他们的势力遍于全欧，五六百年间，他们的传教士远达于中国长安，使耶稣教成为世界文化中一个主要的因素，没有一个更好的实例可以使我们明白少数人的努力能造成弥漫一世的风气。可是我们也要记着早期基督教的神父的努力是如何艰苦卓绝！为着传布他们的信仰，他们赴汤蹈火，居隧道，饱猛兽，前仆后起，以牺牲性命为光荣。无论我们是否相信基督教，他们的精神确可令人闻风兴起。

我们不必需要宗教，但必须有宗教家布道的精神。十几个犹太平民居然调动了全世界，难道十几个有为有守的中国人就不能把中国社会改善么？我们需要救世主，这救世主必定是少数人而不是全社会，而少数人却必有替人类担荷罪孽不惜牺牲身家性命的决心。亚门！

谈处群（上）

——我们不善处群的病征

我们民族性的优点很多，只是不善处群。"一个和尚挑水吃，两个和尚抬水吃，三个和尚没水吃"，这个流行的谚语把我们民族性的弱点表现得最深刻。在私人企业方面，我们的聪明、耐性、刚毅力并不让人，一遇到公共事业，我们便处处暴露自私、孤僻、散漫和推诿责任。这是我们的致命伤，要民族复兴，政治家和教育家首先应锐意改革的就在此点。因为民治就是群治，以不善处群的民族采行民治，必定是有躯壳而无生命，不会成功的。本文拟先分析不善处群的病征，次探病源，然后再求对症下药。

我们不善处群，可于以下数点见出：

一、社会组织力的薄弱。乌合之众不能成群，群必为有机体，其中部分与部分，部分与全体，都必有密切联络，息息相关，牵其一即动其余。社会成为有机体，有时由自然演变，也有时由人力造作。如果纯任自然，一个一盘散沙的民众可以永远保持散漫的状态。要他团结，不能不借人力。用人力来使一个群众团结，便是组织。群众全体同时自动地把自己团结起来，也是一件不易想象的事。大众尽管同时都感觉到组织团体的必要，而使组织团体成为事实，第一须先有少数人为首领导，其次须有多数人协力赞助。我们缺乏组织力，分析起来，就不外这两种条件的缺乏。社会上有许多应兴之利与应革之弊，为多数人所迫切地感觉到，可是尽管天天听到表示不满的呼声，却从没有一个人挺身而出，领导同表示不满的人们做建设或破坏的工作。比如公路上有一个缺口，许多人在那里跌过跤，翻过车，虽只需一块石头或一挑土可以填起，而走路行车的人们终不肯费一举手之劳。社会上许多事业不能举办，原因一例如此简单。"是非只因多开口，烦恼皆由强出头"，这是我们的传统的处世哲学。事实也确是如此。尽管是大家共同希望的事，你如果先出头去做，旁人会对你加以种种猜忌、非难和阻碍。你显然顾到大众利益，却没有顾到某一部分人的自私心或自尊心，他们自己不能或不肯做领袖，却也不甘心让你做领袖。因此聪明人"不为物先"，只袖手旁观，说说风凉话，而许多应做的事也就搁起。

二、社会德操的堕落。德原无分公私，是德行就必须影响到社会福利，这里所谓社会德操是指社会组织所赖以维持的德操。社会德操不能枚举，最重要的有三种：第一是公私分明。一个受公众信托的人有他的职权，他的责任在行使公众所赋予的职权，为公众谋利益。他自然也还可以谋私人的特殊利益，可是不能利用公众所赋予的职权。在我国常例，一个人做了官，就可以用公家的职位安插自己的亲戚朋友，拿公家的财产做私人的人情，营私人的生意，填私人的欲壑。这样假公济私，贪污作弊，便是公私不分。此外一个人的私人地位与社会地位应该有分别。比如父亲属政府党，儿子属反对党，在政治上尽管是对立，而在家庭骨肉的分际上仍可父慈子孝。古人大义灭亲，举贤不避亲，同是看清公私界限。现在许多人把私人的恩怨和政治上的是非夹杂不清。是我的朋友我就赞助他在政治上的主张和行动，是我的仇敌我就攻击他在政治上的主张和行动，至于那主张和行动本身为好为坏则漠不置问。我们的政治上许多"人事"的困难都由此而起，这也还是犯公私不分的毛病。第二个重要的社会德操是守法执礼的精神。许多人聚集成为一个团体，就有许多繁复的关系和繁复的活动。繁复就容易凌乱，凌乱就容易冲突。要在繁复之中见出秩序，必定有纪律，使易于凌乱者有条理，易于冲突者各守分相安。无纪律则社会不能存在，无尊重纪律的精神则社会不能维持。所谓纪律就是团体生活的合理的规范，它包含两大因素，一是国家（或其他集团）所制定的法，一是传统习惯所逐渐形成而经验证为适宜的礼。普通所谓"文化"在西文为civilization，照字原说，就是"公民化"或"群化"。"群化"其实就是"法化"与"礼化"。一个民族能守法执礼，才能算是"开化的民族"，否则尽管它的物质条件如何优厚，仍不脱"未开化"的状态。目前我们大多数人似太缺乏守法执礼的精神。比如到车站买票，依先来后到的次序，事本轻而易举，可是一般买票者踊跃争先，十分钟可了的事往往要弄到几点钟才了，三言两语可了的事往往要弄到摩拳擦掌，头破血流才了，结果仍是不公平，并且十人坐的车要挤上三四十人，不管车子出事不出事。这虽是小事，但是这种不守秩序的精神处处可以看见，许多事之糟，就糟于此。第三个重要的社会德操是勇于表示意见，而且乐于服从多数议决案的精神，这可以说是理想的议会精神。民主政治的精义在每个公民有议政的权利。人愈多，意见就愈分歧。议政制度的长处就在让分歧的意见尽量地表现，然后经过充分的商酌，彼此逐渐接近融洽，产生一个比较合理、比较可使多数人满意的办法。一个理想的公民在有机会参与议论时，应尽量地发表自己的意见，旁人错误时，我应有理由说服他，旁人有理由说服我时，我也承认自己的错误。经过仔细讨论之后，成立了议决案，我无论本来曾否同意，都应竭诚拥护到底。公民如果没有服从多数而打消自己的成见的习惯，民主政治决不会成功，因为全体公民对于任何要事都有一致意见，是一件不容易的事。我们多数人很缺乏这种政治修养。在开会讨论一件事时，大家都噤若寒蝉，有时虽心不谓然而口却不肯说，到了议决案成立之后，才议论纷纷，埋怨旁人不该那样做，甚至别标一帜，任意捣乱。许多公众事业不易举办，这也是一个重要的原因。

三、社会制裁力的薄弱。任何复杂社会不免有恶劣分子在内。坏人的破坏力常大于善人的建设力。在一个群众之中，尽管善人多而坏人少，多数善人成之不足的事往往经少数坏人败之而有余。要加强善人的力量和减少坏人的力量，必须有强厚的社会制裁力。一个社会里不怕有坏人，而怕没有公是公非，让坏人横行无忌。社会制裁力可分三种：第一是道德风纪。每民族都有它的特殊历史环境所造成的行为理想与规范，成为一种洪炉烈焰，一个人投身其中，不由自主地受它熔化，一个民族的道德风纪就是它的共同目标、共同理想。这共同理想的势力愈坚强，那个民族的团结力就愈紧密，而其中各分子越轨害群的可能性也就愈小。这是最积极最深厚的社会制裁力。其次是法律。每民族对于最普遍的关系和最重要的活动都有明文或习惯规定，某事应该这样做，不应该那样做，是不容人以私意决定的。法有定准，则民知所率从。明知而故犯，法律上也有惩处的措置。一般人本大半可与为善，可与为恶，而事实上多数人不敢为恶者，就因为有法律的制裁。中国儒家素来尊德而轻法，其实为一般社会说法，法律是秩序的根据，决不可少。第三是舆论。舆论就是公是公非。一个人做了好事会受舆论褒扬，做了坏事也免不掉舆论的指摘。人本是社会的动物，要见好于社会是人类天性。羞恶之心和西方人所谓"荣誉意识"是许多德行的出发点，其实仍是起于个人对社会舆论的顾虑。舆论自然也根据道德与法律，但是它的影响更较广泛，尤其是在近代交通发达、报纸流行的情况之下。在目前我国社会里，这三种社会制裁力却很薄弱。第一，我们当思想剧变之际，青黄不接，旧有道德信条多被动摇，而新的道德信条又还没有树立。行为既没有确定的标准，多数人遂恣意横行。在从前，至少在理论上，道德是人生要义；在现在，道德似成为迂腐的东西，不但行的人少，连谈的人也少。其次，法的精神贵贯彻，有一人破法，或有一事破法，法的权威便降落。我们民族对于法的精神素较缺乏，近来因社会变动繁复，许多事未上轨道，有力者往往挟其力以乱法，狡黠者往往逞其狡黠以玩法，法遂有只为一部分愚弱乡民而设之倾向。我们明知道社会中有许多不合法的事，但是无可如何。第三，舆论的制裁须有两个重要条件。首先，人民知识与品格须达到相当的水准，然后所发出的舆论才能真算公是公非。其次，政府须给舆论以相当的自由。目前我们人民的程度还没有达到可造成健全舆论的程度。加以舆论本与道德法律有密切关系，道德与法律的制裁力弱，舆论也自然失其凭依。我们的社会中虽不是绝对没有公是公非，而距理想却仍甚远。一个坏人在功利的观点看，往往是成功的人，社会徒惊羡他的成功而抹杀他的坏。"老实"义为"无用"，"恭谨"看成"迂腐"，这是危险现象，看惯了，人也就不觉它奇怪。至于舆论自由问题，目前事实也还远不如理想。舆论本身未健全自然是一个原因，抗战时期的国策也把教导舆论比解放舆论看得更重要。

以上所举三点是我们不善处群的最重要病征。三点自然也彼此相关，而此外相关的病征也还不少。但是如果能够把这三种病征除去，这就是说，如果我们富于社会组织力，具有很优美的社会德操，而同时又有强有力的社会制裁，我相信我们处群的能力一定会加强，而民治的基础也更较稳固。

谈处群（中）

—— 我们不善处群的病因

近代社会心理学家讨论群的成因，大半着重群的分子具有共同性。第一是种族语言的同一，其次则为文化传统，如学术、宗教、政治及社会组织等，没有重要的分歧。有了这些条件，一个群众就会有共同理想、共同情感、共同意志，就容易变为共同行动，如果在这上面再加上英明的领袖与严密的制度，群的基础就很坚固了。拿共同性一个标准来说，我们中华民族似乎没有什么欠缺可指。世界上没有另一个民族在种族语言上比我们更较纯一些，也没有另一个民族比我们有更悠久的一贯的文化传统。然而我们中华民族至今还不能算是一个团结紧密而坚强的群，原因在哪里呢？说起来很复杂。历史环境居一半，教育修养也要居一半。

浅而易见的原因是地广民众。上文列举群的共同性，有一点没有提及，就是共同意识。同属于一群的人必须每个人都意识到自己所属的群确实是一个群而不是一班乌合之众，并且对于这个群有很明了的认识，和它能发生极亲切的交感共鸣。群的精神贯注到他自己的精神，他自己的精神也就表现群的精神。大我与小我仿佛打成一片，群才坚固结实。所以群的质与量几成反比。群愈大，愈难使它的分子对它有明确的意识，群的力量也就越微；群愈小，愈易使它的分子对它有明确的意识，群的力量也就越强。群的意识在欧洲比较分明，就因为欧洲各国大半地窄民寡。近代欧洲国家的雏形是古希腊和罗马的"城邦"。城邦的疆域常仅数十里，人口常常不出数千人，有公众集会，全体国民可以出席，可以参与国家大政，他们常在一起过共同的生活。在这种情形之下，群的意识自然容易发达。我们中国从周秦以后，疆域就很广大，人口就很众多。在全体国民一个大群之下，有依次递降的小群。一般人民对于下层小群的意识也很清楚，只是对于最大群的意识都很模糊。孟子谈他的社会理想说："死徒无出乡，乡田同井，出入相友，守望相助，疾病相扶持。"这是一个很理想的群，但也是一个很小的群，它的存在条件是"死徒无出乡，乡田同井"。一直到现在，我们的乡民还维持着这种原始的群；他们为这种小群的意识所围，不能放开眼界来认识大群。我们在过去历史上全民族受过几次的威胁而不能用全民族的力量来应付，但是在极大骚动之后，社会基层还很稳定，原因也就在此。可幸者这种情形已在好转中，交通日渐方便，地理的隔阂愈渐减少，而全民族分子中间的接触也就愈渐多。辛亥革命、五四运动和这次的抗战都可以证明我们现在已开始有全民族的意识和全民族的活动。在历史上我们还不曾有过同样的事例。

在地广民众的情形之下，群的组织虽不容易，却也并非绝对不可能。它所以不容易的原因在人民难于聚集在一起做共同的活动，如果有一个共同理想把众多而散处的人民摄引来朝一个目标走，他们仍可成为很有力的群。中世纪欧洲各国割据纷争，政权既不统一，民族与语言又很分歧，论理似不易成群，但是回教徒占领耶路撒冷以后，欧洲人为着要恢复耶稣教的圣地，几度如醉如狂地结队东征。十字军虽不算成功，但可证明地广民众不一定可以妨碍群的团结，只要大家有共同理想、共同意志与共同活动。这次签约反抗轴心侵略的二十六个国家站在一条阵线上成为一个群，也就因为这个道理。从这些事例，我们可以见出要使广大的民众团结成群，首先要他们有共同理想，要尽量给他们参加共同活动的机会。共同活动就是广义的政治活动。所以政治愈公开，人民参加政治活动的机会愈多，群的意识愈易发达，而处群的能力也愈加强。因为这个道理，民主国家人民易成群，而专制国家人民则不易成群。我国过去数千年政体一贯专制，国家的事都由在上者一手包办，人民用不着操劳。在上者是治人者，主动者；人民是治于人者，被动者。在承平时，人民坐享其成，"同焉皆得而不知其所以得"；在混乱时，人民有时被迫而成群自卫，亦迹近反抗，为在上者所不容，横加摧残压迫。在我国历史上，无群见盛世太平，有群即为纷争攘乱。在这种情形之下，群的意识不发达，群的德操不健全，都是当然的事。

政体既为专制，而社会的基础又建筑于家庭制度。谋国既无机缘，于是人民都集中精力去谋家。在伦理信条上，我们的先哲固亦提倡先国后家，公而忘私，于忠孝不能两全时必先忠而后孝；但在事实上，家的观念却比国的观念浓厚。读书人的最高理想是做官，做官的最大目的不在为国家做事，而在扬名声，显父母。一个人做了官，内亲和外戚都跟着飞黄腾达。你细看中国过去的历史，国家政治常是宫廷政治，一切纷争扰乱也就从皇亲国戚酿起。至于一般小百姓眼睛里看不见国，自然就只注视着家，拼全力为一家谋福利，家与家有时不免有利害冲突，要造成保卫家的势力，于是同姓成为部落，兄弟尽可阋于墙，而外必御其侮。部落主义是家庭主义的伸张，在中国社会里，小群的活动特别踊跃，而大群非常散漫，意见偶有分歧，倾轧冲突便乘之而起，都是因为部落主义在作祟。就表面看，同乡会、同学会、哥老会之类的组织颇可证明中国人能群，但是就事实看，许多不必有的隔阂和斗争，甚至于许多罪恶的行为，都起于这类小组织。小组织的精神与大群实不相容，因为大群须化除界限，而小组织多立界限；大群必扩然大公，而小组织是结党营私。我们中国人难于成立大群，就误在小组织的精神太强烈。

一般人结党多为营私，所以"孤高自赏"的人对于结党都存着很坏的观感。"狐群狗党"是中国字汇中所特有的成语，很充分表现中国人对于群与党的鄙视。狐狗成群结党，洁身自好者不肯同流合污，甚至以结党为忌。这是一个极不幸的现象。善人既持高超态度，遇事不肯出头，纵出头也无能为力，于是公众事业都落在宵小的手里，愈弄愈糟。成群结党本身并非一件坏事，尤其在近代社会，个人的力量极有限，要做一番有价值的事业，必须有群众的势力。结党的目的在造成群众的势力，我们所当问的不是这种势力应否存在，而是它如何应用。恶人有党，善人没有党就不能抵御他们。这个道理很浅，而我国知识分子常不了解，多少是受了以往道家隐士思想的影响，道家隐士思想起源于周秦社会混乱的时代，是老于世故者逃避世故的一套想法。他们眼见许多建设作为徒滋纷扰，遂怀疑到社会与文化，主张归真返朴，人各独善其身。长沮、桀溺向子路讥诮富于事业心的孔子说："滔滔者天下皆是也，而谁以易之？且尔与其从避人之士也，岂若从避世之士哉？"他们不但要"避人"，还要"避世"。庄子寓言中有许多让天下和高蹈的故事。后来士流受这一类思想的影响很深，往往以"超然物表""遗世独立"相高尚，仿佛以为涉身仕途便玷污清白。齐梁时有一个周颙，少年时隐居一个茅屋里读书学道，预备媲美巢父、务光。后来他改变志向，应征做官，他的朋友孔稚珪便以为这是一个大耻辱，假周颙所居的北山的口吻，作了一篇"移文"和他绝交，骂他"诱我松桂，欺我云壑，虽假容于江皋，乃缨情于好爵"。这件事很可表现中国士流鄙视政治活动的态度。这种心理分析起来，很有些近代心理学家所说的"卑鄙意识"在内。人人都想抬高自己的身份，觉得社会卑鄙，不屑为伍，所以跳出来站在一边，表示自己不与人同。现在许多人鄙视群众与政治活动，骨子里都有"卑鄙意识"在作祟。据近代社会心理学家说，群众的活动多起于模仿。一种情绪或思想能为一般人所接受的必须很简单平凡，否则曲高和寡。所以群众所表现的智慧与德操大半很低，易于成群的人也必须易于接受很低的智慧与德操。我们中华民族似比较富于独立性，不肯轻易随人，而好立异为高。宗教情操淡薄由此，群不易组织也由此。

传统的观念与相沿的习惯错误，而流行教育实未能改正这种错误。我始终坚信苏格拉底的一句老话："知识即德行。"凡是德行缺陷，必定由于知识不彻底。群的组织的最大障碍是自私心。存自私心的人多抱着"各人自扫门前雪，不管他人瓦上霜"的念头，他们以为损群可以利己，或以为轻群可以重己；其中寡廉鲜耻者玷污责任，假公济私；洁身自好者逃避责任，遗世鸣高。其实社会存在是铁一般的事实，个人靠着社会存在也是铁一般的事实。我们必须接受这些事实，才能生存。社会的福利是集团的福利，个人既为集团一分子，自亦可蒙集团的福利。社会的一切活动最终的目的当然仍在谋各个分子的福利，所以各个分子对于社会的努力最后仍是为自己。有人说："利他主义是彻底的利己主义。"这话实在千真万确。如果全从自己着想而不顾整个社会，像汉奸们为着几个卖身钱做敌人的走狗，实在是短见，没有把算盘打得清楚。他们忘记"皮之不存，毛将焉附"一句话的道理。他们的顽恶由于他们的愚昧，他们的愚昧由于他们所受的教育不够或错误。汉奸如此，一切贪官污吏以及逃避社会责任的人也是如此。"种瓜得瓜，种豆得豆。"掌教育的人们看到社会上许多害群之马，应该有一番严厉的自省！

谈处群（下）
——处群的训练

极浅显而正当的道理常易被人忽略。一个民族的性格和一个社会的状况大半是由教育和政治形成的。倘若一个民族的性格不健全，或是一个社会的状况不稳定，那唯一的结论就是教育和政治有毛病。这本是老生常谈，但是在现时中国，从事教育者未必肯承认国民风纪到了现有状态是他们的罪过，从事政治者未必肯承认社会秩序到了现有的状态是他们的罪过。大家都觉得事情弄得很糟，可是都把一切罪过推诿到旁人，不肯自省自疚。没有彻底的觉悟，自然也没有彻底的悔改。这是极危险的现象。讳疾忌医，病就会无从挽救。我们需要一番严厉的自我检讨，然后才能有一番勇猛的振作。

先说教育。我们在过去虽然也曾特标群育为教育主旨之一，试问一般学校里群育工作究竟做到如何程度？从前北京大学常有同班同斋舍同学们从入学到毕业，三四年之中朝夕相见而始终不曾交谈过一句话。他们自己认为这是北京大学的校风，引为值得夸耀的一件事。一直到现在，还有许多学校里同学们相视，不但如路人，甚至为仇雠，偶遇些小龃龉，便摩拳擦掌，挥戈动武。受教育者所受的教育如此，何能望其善处群？更何能希望其为社会组织的领导？我们的教育所产生的人才不能担当未来的艰巨责任，此其一端。

我们的根本错误在把教育狭义化到知识贩卖。学校的全部工作几限于上课应付考试。每期课程多至十数种，每周上课钟点多至三四十小时。教员力疲于讲，学生力疲于听，于是做人的道理全不讲求。就退一步谈知识，也只是一味灌输死板材料，把脑筋看成垃圾箱，尽量地装，尽量地挤塞，全不管它能否消化启发。从前人说读书能变化气质，于今人书读得越多，气质越硬顽不化，这种教育只能产出一些以些许知识技能博衣饭碗的人，决不能培养领导社会的真才。

近来颇有人感觉到这种毛病，提倡导师制，要导师于教书之外指点做人的道理，用意本来很善，但是实施起来也并未见功效。这也并不足怪。换汤必须换药，教育止于传授知识这一错误观念不改正，导师仍然是教书匠。导师制起于英国牛津、剑桥两大学，这两校的教育宗旨是彰明较著的不重读书，而重养成"君子人"。在这两校里教员和学生上课钟点都很少，社交活动却很多，导师和学生有经常接触的可能。导师对于学生在学业和行为两方面同时负有责任，每位导师所负责指导的学生也不过数人。现在我们的学校把学业和操行分作两件事，学业仍取"集体生产"式整天上班，操行则由权限不甚划分、责任不甚专一、叠床架屋式的导师、训导员、生活指导员和军事教官去敷衍公事。这种办法行不通，因为导师制的真精神不存在，导师制的必需条件不存在。

要改良现状，我们必须把教育的着重点由上课读书移到学习做人方面去，许多庞杂的课程须经快刀斩乱麻的手段裁去，学生至少有一半时间过真正的团体生活，做团体的活动。教师也必须把过去的错误的观念和习惯完全改过，认定自己是在"造人"，不只是在"教书"。每个教师对于所负责造的人须当作一件艺术品看待，须求他对自己可以慰怀，对旁人也可以看得过去。每个学生对于教师须当作自己的造化主，与父母生育有同样的恩惠，知道心悦诚服。这样一来，教师与学生就有家人父子的情感，而学校也就有家庭的和乐的空气了。

这一层做到了，第二步便须尽量增加团体合作的活动。团体合作的活动种类甚多，有几个最重要的值得特别提出。

第一是操业合作。现行教育有一个大毛病，就是许多课程的对象都是个人而不是团体。学生们尽管成群结队，实际上各人一心，每人独自上课，独自学习，独自完成学业，无形中养成个人主义的心习。其实学问像其他事业一样，需要分工合作的地方甚多。材料的收集和整理，问题的商讨，实验的配置，误谬的检举，都必须群策群力。学校对于可分工合作的工作应尽量分配给学生们去合作，团体合作训练的效益是无穷的。一个人如果常有团体合作的训练，在学问上可以免偏陋，在性情上也可以免孤僻，他会有很浓厚而愉快的群的意识，他会深切地感觉到：能尽量发挥群的力量，才能尽量发挥个人的力量。

有几种课程特别宜于团体合作。最显著的是音乐。在我们古代教育中，乐是一个极重要的节目。它的感动力最深，它的最大功用在和。在一个团体里，无论分子在地位、年龄、教育上如何复杂,乐声一作,男女尊卑长幼都一齐肃容静听,皆大欢喜,把一切界限分别都化除净尽,彼此蔼然一团和气。爱好音乐的人很少是孤僻的人,所以音乐是群育最好的工具。其次是运动。运动相当于中国古代教育中的射。它不但能强健身体,尤其能培养遵秩序纪律的精神。条顿民族如英美德诸国都特好运动,在运动场上它们培养战斗的技术和政治的风度。它们说一个公正的人有"运动家气派"(sportsmanship)。柏拉图在《理想国》里谈教育,二十岁以前的人就只要音乐和运动两种功课。这两种课程应该在各级学校中普遍设立。近来音乐课程仅限于中小学,运动则各校虽有若无,它们的重要性似还没有为教育家们完全了解。音乐和运动是一个民族的生气的表现,不单是群育的必由之径。除非它们在课程中占重要位置,我们的教育不会有真正的改良。

操业合作之外,第二个重要的处群训练便是团体组织。有健全的团体组织,学生们才有多参加团体活动的机会,才能养成热心公益的习惯。一般学校当局常怕学生有团结,以致滋扰生事,所以对于团体组织与活动常设法阻止,以为这就可以息事宁人,也有些学校在名义上各种团体具备,而实际上没有一个团体是健全的组织。多数学生为错误的教育理想所误,只管埋头死读书,认为参加团体活动是浪费时光,甚至于多惹是非,对一切团体活动遂袖手坐观。于是所谓团体便为少数人所操纵,假借团体名义,做种种并非公意所赞同的活动。政治上许多强奸民意假公济私的恶习惯就由此养成。学校里学生自治会应该是一种雏形的民主政府,每个分子都应有参议表决的权利,同时也都应有不弃权的责任。凡关于学生全体利益的事应由学生们自己商讨处理,如起居、饮食、清洁卫生、公共秩序、公众娱乐诸项都无须教职员包办。自治会须有它的法律，有它的风纪，有它的社会制裁力。比如说，有一位同学盗用公物，侮谩师友或是考试舞弊，通常的办法是由学校记过惩处，但是理想的办法是由自治会公审公判，学生团体中须有公是公非，而这种公是公非应有奖励或裁制的力量。民主国家所托命的守法精神必须如此养成。

人群接触，意见难免有分歧，利害难免有冲突，如果各执己见，势必至于无路可通。要分歧和冲突化除，必须彼此和平静气地讨论，在种种可能的结论中寻一个最妥善的结论。民主政治可以说就是基于讨论的政治。学问也贵讨论，因为学问的目的在辨别是非真伪，而这种辨别的功夫在个人为思想，在团体为讨论，讨论可以说是集团的思想。一个理想的学校必须充满着欢喜讨论的空气。每种课程都可以用讨论方式去学习，每种实际问题都可以在辩论会中解决。在欧美各著名大学里，师生们大部分工夫都费于学术讨论会与辩论会，在这中间他们成就他们的学业，养成他们的政治习惯。在学校里是一个辩论家，出学校就是一个良好的议员或社会领袖。我们的一般学生以遇事沉默为美德，遇公众集会不肯表示意见，到公众有决定时，又不肯服从。这是一个必须医治的毛病，而医治必从学校教育下手。

处群训练一半靠教育，一半也要靠政治。社会仍是一种学校，政治对于公民仍是一种教育。政治愈修明，公民的处群训练也就愈坚实。政治体制有多种，最合理想的是民主。民主政治实施于小国家，较易收实效，因为全体人民可以直接参与会议表决，像瑞士的全体公决制。国大民众，民主政治即不能不采取代议方式。代议制的弊病在代议人不一定能代表公众意志，易流于寡头政治的变相。要补救这种弊病，必须力求下层政治组织健全，因为一般人民虽不必尽能直接参加国政，至少可以直接参加和他们最接近的下层行政区域的政治。我国最下层的行政区域是保甲，逐层递升为乡为县为区为省。保甲在历史上向来是自治的单位，它的组织向来带有几分民主精神。我们要奠定民主基础，必须从保甲着手。保甲政治办好，逐层递升，乡、县、区、省以至于国的政治，自然会一步一步地跟着好。英国政治是一个很好的先例。英国民主政治的成功不仅在国会健全，尤其在国会之下的区议会与市议会同样健全。市议会已具国会的雏形，公民在市议会所得的政治训练可逐渐推用于区议会和国会。一般人民因小见大，知道国会和市议会是一样，市民与市政府的关系也和国民与国政府的关系一样，知道国政与市政和己身同样有切身的利害，不容漠视，更不容胡乱处理。

健全下层政治组织自然也不是一件容易事。我们一方面须推广教育，提高人民知识和道德的水准，一方面也要彻底革除积弊，使人民逐渐养成良好的政治习惯。所谓良好的政治习惯是指一方面热心参与政治活动，一方面不做腐败的政治活动。我国一般人民正缺乏这两种政治的习惯，他们不是不肯参加政治活动，就是做腐败的政治活动。比如我们的政府近来何尝不感觉到健全下层政治组织的重要？保甲制正在推行，县政正在实验，下级干部人员经常在受训练。但是积重难返，实施距理想仍甚远。根本的毛病在没有抓住民治精神。民治精神在公事公议公决。而现在保甲政治则由少数公务员包办。一般保甲长和联保主任仍是变相的土豪劣绅，敲诈乡愚，比从前专制时代反更烈。一般人民没有参与会议表决的机会，还是处在被统治者的地位。下情无由上达，他们只在含冤叫苦。一件事须得做时，就须做得名副其实，否则滋扰生事，不如不做为妙。县政实施本是为奠定民治基础，如果仍采土豪劣绅包办制，则结果适足破坏民治基础。这件事关系我国民治前途极大，我们的政治家不能不有深切的警戒。

民主政治与包办制如水火不相容。消极地说，废除包办制；积极地说，就是政治公开。这要从最下层做起，奠定稳固的基础，然后逐渐推行到最上层。政治公开有两个要义，一是政权委托于贤能，一是民意须能影响政治。先就第一点说，我国历代抢才，不外由考试和选举。考试是最合于民治精神的一种制度，是我国传统政治的一特色。一个人只要有真才实学，无论出身如何微贱，可以逐级升擢，以至于掌国家大政。因此政权可由平民凭能力去自由竞争，不致为某一特殊阶级所把持乱用。中国过去政权向来在相而不在君，而相大半起家于考试，所以中国传统政体表面上为君主，而实为民主。后来科举专以时文诗赋取士，颇为议者诟病。这只是办法不良，并非考试在原则上有毛病。总理制定建国方略，考试特设专院，实有鉴于考试是中国传统政治中值得发挥光大的一点，用意本至深。但是我们并未能秉承总理遗教，各级公务员大部分未经考试出身，考试中选者也未尽录用，真才埋没与不才而在高位的情形都不能说没有。这种不公平的待遇不能奖励贫士的努力而徒增长宵小夤缘幸进的恶习，政治上的腐浊多于此种因。要想政得其人，人尽其职，必须彻底革除这种种积弊而尽量推广考试制。至于选举是一般民主国家抢才的常径。选举能否成功，视人民有无政治知识与政治道德。过去我国选举权操纵于各级官吏，名为选举，实为推荐，不像在西方由人民普选。这种办法能否成功，视主其事者能否公允；它的好处在提高选举者的资格，即所以增重选举的责任，提高被选举者的材质。在一般人民未受健全的政治教育以前，我们可以略采从前推荐而加以变通，限制选举者的资格而不必限于官吏，凡是教育健全而信用卓著者都可以联名推选有用人才。选举意在使贤任能，如不公允，由人民贿买或由政府包办，则适足破坏选举的信用与功能，我们必须严禁。民主政治能否成功，就要看选举这个难关能否打破，我们必须有彻底的觉悟。

考试与选举行之得法，一切行政权都由贤能行使，则政治公开的第一要义就算达到。政治公开的第二要义是民意能影响政治。这有两端：第一是议会；第二是舆论。先说议会，民主政治就是议会政治。在西方各国，人民信任议会，议会信任政府；政府对议会负责，议会对人民负责。政府措施不当，议会可以不信任；议会措施不当，人民可以另选。所以政府必须尊重民意，否则立即瓦解。我国从民主政体成立以来，因种种实际困难，正式民意机关至今还未成立。召集国民代表大会，总理遗教本有明文规定，而政府也正在准备促其实现，这还需要全国人民共同努力。最要紧的是要使选举名副其实，不要再有贿买包办的弊病。

我国传统政治本素重舆论。"天视自我民视，天听自我民听"两句话在古代即悬为政治格言。历代言事有专官，平民上诉隐曲，也特有设备，在野清议尤为朝廷所重视。过去君主政体没有很长期地陷于紊乱腐败状态，舆论是一个重要的力量。从前的暴君与现代的独裁政府怕舆论的裁制，常设法加以压迫或控制，结果总是失败。"防民之口，甚于防川"是一点不错的。思想与情感必须有正当的宣泄，愈受阻挠愈一决不可收拾。近代报章流行，舆论更易传播。言论出版自由问题颇引起种种争论。从历史、政治及群众心理各方面看，言论出版必须有合理的自由。舆论与人民程度密切相关，自然也有不健全的时候，我们所应努力的不在钳制舆论，而在教育舆论。是非自在人心，舆论的错误最好还是用舆论去纠正。

以上所述，陈义甚浅，我们的用意不在唱高调而望能实践。如果政治方面没有上述的改革，群的训练就无从谈起。人民必有群的活动、群的意识，必感觉到群的力量，受群的裁制，然后才能养成良好的处群的道德。这是我们施行民治的大工作中一个基本问题，值得政治家与教育家们仔细思量。

谈恻隐之心

　　罗素在《中国问题》里讨论我们民族的性格，指出三个弱点：贪污、怯懦和残忍。他把残忍放在第一位，所说的话最足令人深省："中国人的残忍不免打动每一个盎格鲁撒克逊人。人道的动机使我们尽一分力量来减除九十九分力量所做的过恶，这是他们所没有的。……我在中国时，成千成万的人在饥荒中待毙，人民为着几块钱出卖儿女，卖不出就弄死。白种人很尽了些力去赈荒，而中国人自己出的力却很少，连那很少的还是被贪污吞没。……如果一只狗被汽车压倒致重伤，过路人十个就有九个站下来笑那可怜的畜生的哀号。一个普通中国人不会对受苦受难起同情的悲痛，实在他还像觉得它是一个颇愉快的景象。他们的历史和他们的辛亥革命前的刑律可见出他们免不掉故意虐害的冲动。"

　　我第一次看《中国问题》还在十几年以前，那时看到这段话心里甚不舒服；现在为大学生选英文读品，把这段话再看了一遍，心里仍是甚不舒服。我虽不是狭义的国家主义者，也觉得心里一点民族自尊心遭受打击，尤其使我怀惭的是没有办法来辩驳这段话。我们固然可以反诘罗素说："他们西方人究竟好得几多呢？"可是他似乎预料到这一着，在上一段话终结时，他补充了一句："话须得说清楚，故意虐害的事情各大国都在所不免，只是它到了什么程度被我们的伪善隐瞒起来了。"他言下似有怪我们竟明目张胆地施行虐害的意味。

罗素的这番话引起我的不安，也引起我由中国民族性的弱点想到普遍人性的弱点。残酷的倾向，似乎不是某一民族所特有的，它是像盲肠一样由原始时代遗留下来的劣根性，还没有被文化洗刷净尽。小孩们大半欢喜虐害昆虫和其他小动物，踏死一堆蚂蚁，满不在意。用生人做陪葬者或是祭典中的牺牲，似不仅限于野蛮民族。罗马人让人和兽相斗相杀，西班牙人让牛和牛相斗相杀，作为一种娱乐来看。中世纪审判异教徒所用的酷刑无奇不有。在战争中人们对于屠杀尤其狂热，杀死几百万生灵如同踏死一堆蚂蚁一样平常，报纸上轻描淡写地记一笔，造成这屠杀记录者且热烈地庆祝一场。就在和平时期，报纸上杀人、起火、翻船、离婚之类不幸的消息也给许多观众以极大的快慰。一位西方作家说过："揭开文明人的表皮，在里皮里你会发现野蛮人。"据说大哲学家斯宾诺莎的得意的消遣是捉蚊蝇摆在蛛网上看它们被吞食。近代心理学家研究变态心理所表现的种种奇怪的虐害动机如"撒地主义"（sadism），尤足令人毛骨悚然。这类事实引起一部分哲学家，如中国的荀子和英国的霍布斯，推演出"性恶"一个结论。

有些学者对于幸灾乐祸的心理，不以性恶为最终解释而另求原因。最早的学说是自觉安全说。拉丁诗人卢克莱修说："狂风在起波浪时，站在岸上看别人在苦难中挣扎，是一件愉快的事。"这就是中国成语中的"隔岸观火"。卢克莱修以为使我们愉快的并非看见别人的灾祸，而是庆幸自己的安全。霍布斯的学说也很类似。他以为别人痛苦而自己安全，就足见自己比别人高一层，心中有一种光荣之感。苏格兰派哲学家如培恩（Bain）之流以为幸灾乐祸的心理基于权力欲。能给苦痛让别人受，就足显出自己的权力。这几种学说都有一个共同点：就是都假定幸灾乐祸时有一种人我比较，比较之后见出我比人安全，比别人高一层，比别人有权力，所以高兴。

这种比较也许是有的，但是比较的结果也可以发生与幸灾乐祸相反的念头。比如我们在岸上看翻船，也可以忘却自己处在较幸运的地位，而假想自己在船上碰着那些危险的境遇，心中是如何惶恐、焦急、绝望、悲痛。将己心比人心，人的痛苦就变成自己的痛苦。痛苦的程度也许随人而异，而心中总不免有一点不安，一点感动和一点援助的动机。有生之物都有一种同类情感。对于生命都想留恋和维护，凡遇到危害生命的事情都不免恻然感动，无论那生命是否属于自己。生命是整个的有机体，我们每个人是其中一肢一节，这一肢的痛痒引起那一肢的痛痒。这种痛痒相关是极原始的、自然的、普遍的。父母遇着儿女的苦痛，仿佛自身在苦痛。同类相感，不必都如此深切，却都可由此类推。这种同类的痛痒相关就是普通所谓"同情"，孟子所谓"恻隐之心"。孟子所用的比譬极亲切："今人乍见孺子将入于井，皆有怵惕恻隐之心。"他接着推求原因说："非所以内交于孺子之父母也，非所以要誉于乡党朋友也，非恶其声而然也。"他没有指出正面的原因，但是下结论说："由是观之，无恻隐之心非人也。"他的意思是说恻隐之心并非起于自私的动机，人有恻隐之心只因为人是人，它是组成人性的基本要素。

从此可知遇着旁人受苦难时，心中或是发生幸灾乐祸的心理，或是发生恻隐之心，全在一念之差。一念向此，或一念向彼，都很自然，但在动念的关头，差以毫厘便谬以千里。念头转向幸灾乐祸的一方面去，充类至尽，便欺诈凌虐，屠杀吞并，刀下不留情，睁眼看旁人受苦不伸手援助，甚至落井下石，这样一来，世界便变成冤气弥漫，黑暗无人道的场所；念头转向恻隐一方面去，充类至尽，则四海兄弟，一视同仁，守望相助，疾病相扶持，老有所养，幼有所归，鳏寡孤独者亦可各得其所，这样一来，世界便变成一团和气、其乐融融的场所。野蛮与文化，恶与善，祸与福，死灭与生存的歧路全在这一转念上面，所以这一转念是不能苟且的。

这一转念关系如许重大，而转好转坏又全系在一个刀锋似的关头上，好转与坏转又同样地自然而容易，所以古今中外大思想家和大宗教家，都紧握住这个关头。各派伦理思想尽管在侧轻侧重上有差别，各派宗教尽管在信条仪式上互相悬殊，都着重一个基本德行。孔孟所谓"仁"，释氏所谓"慈悲"，耶稣所谓"爱"，都全从人类固有的一点恻隐之心出发。他们都看出在临到同类受苦受难的关头上，一着走错，全盘皆输，丢开那一点恻隐之心不去培养，一切道德都无基础，人类社会无法维持，而人也就丧失其所以为人的本性。这是人类智慧的一个极平凡而亦极伟大的发现，一切伦理思想，一切宗教，都基于这点发现。这也就是说，恻隐之心是人类文化的泉源。

如果幸灾乐祸的心理起于人我的比较，恻隐之心更是如此，虽然这种比较不必尽浮到意识里面来。儒家所谓"推己及物""举斯心加诸彼""己所不欲，勿施于人"，都是指这种比较。所以"仁"与"恕"是一贯的，不能"恕"决不能"仁"。"恕"须假定知己知彼，假定对于人性的了解。小孩虐待弱小动物，说他们残酷，不如说他们无知，他们根本没有动物能痛苦的观念。许多成人残酷，也大半由于感觉迟钝，想象平凡，心眼窄所以心肠硬。这固然要归咎于天性薄，风俗习惯的濡染和教育的熏陶也有关系。函人唯恐伤人，矢人唯恐不伤人，职业习惯的影响于此可见。古希腊盛行奴隶制度，大哲学家如柏拉图、亚理斯多德都不以为非；在战争的狂热中，耶稣教徒祷祝上帝歼灭同奉耶教的敌国，风气的影响于此可见。善人为邦百年，才可以胜残去杀，习惯与风俗既成，要很大的教育力量，才可挽回转来。在近代生活竞争剧烈，战争为解决纠纷要径，而道德与宗教的势力日就衰颓的情况之下，恻隐之心被摧残比被培养的机会较多。人们如果不反省痛改，人类前途将日趋于黑暗，这是一个极可危惧的现象。

凡是事实，无论它如何不合理，往往都有一套理论替它辩护。有战争屠杀就有辩护战争屠杀的哲学。恻隐之心本是人道基本，在事实上摧残它的人固然很多，在理论上攻击它的人亦复不少。柏拉图在《理想国》里攻击戏剧，就因为它能引起哀怜的情绪，他以为对人起哀怜，就会对自己起哀怜，对自己起哀怜，就是缺乏丈夫气，容易流于怯懦和感伤。近代德国一派唯我主义的哲学家如斯蒂纳（Stirner）、尼采之流，更明目张胆地主张人应尽量扩张权力欲，专为自己不为旁人，恻隐仁慈只是弱者的德操。弱者应该灭亡，而且我们应促成他们灭亡。尼采痛恨无政府主义者和耶稣教徒，说他们都迷信恻隐仁慈，力求妨碍个人的进展。这种超人主义酿成近代德国的武力主义。在崇拜武力侵略者的心目中，恻隐之心只是妇人之仁，有了它心肠就会软弱，对弱者与不康健者（兼指物质的与精神的）持姑息态度，做不出英雄事业来。哲学上的超人主义在科学上的进化主义又得一个有力的助手。在达尔文一派生物学家看来，这世界只是一个生存竞争的战场，优胜劣败，弱肉强食，就是这战场中的公理。这种物竞说充类至尽，自然也就不能容许恻隐之心的存在。因为生存需要斗争，而斗争即须拼到你死我活，能够叫旁人死而自己活着的就是"最适者"。老弱孤寡疲癃残疾以及其他一切灾祸的牺牲者照理应归淘汰。向他们表示同情，援助他们，便是让最不适者生存，违反自然的铁律。

恻隐之心还另有一点引起许多人的怀疑。它的最高度的发展是悲天悯人，对象不仅是某人某物，而是全体有生之伦。生命中苦痛多于快乐，罪恶多于善行，祸多于福，事实常追不上理想。这是事实，而这事实在一般敏感者的心中所生的反响是根本对于人生的悲悯。悲悯理应引起救济的动机，而事实上人力不尽能战胜自然，已成的可悲悯的局面不易一手推翻，于是悲悯者变成悲剧中的主角，于失败之余，往往被逼向两种不甚康健的路上去，一是感伤愤慨，遗世绝俗，如屈原一派人；一是看空一切，徒做未来世界或另一世界的幻梦，如一般厌世出家的和尚。这两种倾向有时自然可以合流。近代许多文学作品可以见出这些倾向。比如哈代（T. Hardy）的小说、豪斯曼（A. E. Housman）的诗，都带着极深的哀怜情绪，同时也带着极浓的悲观色彩。许多人不满意于恻隐之心，也许因为它有时发生这种不康健的影响。

恻隐之心有时使人软弱怯懦，也有时使人悲观厌世。这或许都是事实。但是恻隐之心并没有产生怯懦和悲观的必然性。波斯大帝泽克西斯（Xerxes）率百万大军西征古希腊，站在桥头望台上看他的军队走过赫勒斯滂海峡，回头向他的叔父说："想到人寿短促，百年之后，这大军之中没有一个人还活着，我心里突然感到一阵怜悯。"但是这一阵怜悯并没有打消他征服古希腊的雄图。屠格涅夫在一首散文诗里写一只老麻雀牺牲性命去从猎犬口里救落巢的雏鸟。那首诗充满着恻隐之心，同时也充满着极大的勇气，令人起雄伟之感。孔子说得好："仁者必有勇。"古今伟大人物的生平大半都能证明真正敢作敢为的人往往是富于同类情感的。菩萨心肠与英雄气骨常有连带关系。最好的例是释迦。他未尝无人世空虚之感，但不因此打消救济人类世界的热望。"我不入地狱，谁入地狱！"这是何等的悲悯！同时，这是何等的勇气。孔子是另一个好例。他也明知"滔滔者天下皆是"，但是"知其不可为而为之"。"鸟兽不可与同群，吾非斯人之徒之与而谁与？天下有道，丘不与易也。"这是何等的悲悯！同时，这是何等的勇气！世间勇于做淑世企图的人，无论是哲学家、宗教家或社会革命家，都有一片极深挚的悲悯心肠在驱遣他们，时时提起他们的勇气。

现在回到本文开始时所引的罗素的一段话。他说："人道的动机使我们尽一分力量来灭除其余九十九分力量所做的过恶，这是他们（中国人）所没有的。"这话似无可辩驳。但是我以为我们缺乏恻隐之心，倒不仅在遇饥荒不赈济，穷来卖儿女做奴隶，看到颠沛无告的人掩鼻而过之类的事情，而尤在许多人看到整个社会日趋于险境，不肯做一点挽救的企图。教育家们睁着眼睛看青年堕落，政治家们睁着眼睛看社会秩序紊乱，富商大贾睁着眼睛看经济濒危，都漫不在意，仍是各谋各的安富尊荣，有心人会问："这是什么心肝？"如果我们回答说："这心肝缺乏恻隐。"也许有人觉得这话离题太远。其实病原全在这上面。成语中有"麻木不仁"的字样，意义极好，麻木与不仁是连带的。许多人对于社会所露的险象都太麻木，我想这是不能否认的。他们麻木，由于他们不仁（用我们的词语来说，缺乏恻隐之心）。麻木不仁，于是一切都受支配于盲目的自私。这毛病如何救济，大是问题。说来易，做来难。一般人把一切性格上的难问题都推到教育，教育是否有这样万能，我很怀疑。先哲伦理思想的彻底认识以及佛耶二教的基本精神的吸收，也许可造成一种力量。无论如何，在建国事业中的心理建设项下，培养恻隐之心必定是一个重要的节目。

谈羞恶之心

《新约》里《约翰福音》第八章记载这样一段故事：

耶稣在庙里布教，一大群人围着他听。刑名师和法利赛人带着一个行淫被拘的妇人来，把她放在群众当中，向耶稣说："这妇人是正在行淫时被拿着的。摩西在法律中吩咐过我们，像这样的人应用石头钉死，你说怎样办呢？"耶稣弯下身子来用指画地，好像没有听见他们。他们继续着问，耶稣于是抬起身子来向他们说："你们中间谁是没有罪的，就让谁先拿石头钉她。"说完又弯下身子用指画地。他们听到这话，各人心里都有内疚，一个一个地走出去，从最年老的到最后的，只剩下耶稣，那妇人仍站在当中。耶稣抬起身子来向她说："妇人，告你状的人哪里去了呢？没有人定你的罪么？"她说："没有人，我主。"耶稣说："我也不定你的罪，去吧，以后不要再犯了。"

这段故事给我以极深的感动，也给我以不小的惶惑。耶稣的宽宥是恻隐之心的最高的表现，高到泯没羞恶之心的程度。这令人对于他的胸怀起伟大崇高之感。同时，我们也难免惶惑不安。如果这种宽宥的精神充类至尽，我们不就要姑息养奸，任世间一切罪孽过恶蔓延，简直不受惩罚或裁制么？

我们对于世间罪孽过恶原可以持种种不同的态度。是非善恶本是世间习用的分别，超出世间的看法，我们对于一切可作平等观。正觉烛照，五蕴皆空。嗔恚有碍正觉，有如"清冷云中，霹雳起火"。无论在人在我，消除过恶，都当以正觉净戒，不可起嗔恚。这是佛家的态度。其次，即就世间法而论，是非善恶之类道德观念起于"实用理性批判"。若超出实用的观点，我们可以拿实际人生中一切现象如同图画、戏剧一样去欣赏，不做善恶判断，自不起道德上的爱恶，如尼采所主张的。这是美感的态度。再次，即就世间法的道德观点而论，人生来不能尽善尽美，我们彼此都有弱点，就不免彼此都有过错。这是人类共同的不幸。如果遇到弱点的表现，我们须了解这是人情所难免，加以哀矜与宽恕。"了解一切，就是宽恕一切。"这是耶稣教徒的态度。

这几种态度都各有很崇高的理想，值得我们景仰向往，而且有时值得我们努力追攀。不过在这不完全的世界中，理想永远是理想，我们不能希望一切人得佛家所谓正觉，对一切作平等观，不能而且也不应希望一切人在一切时境都如艺术家对于罪孽、过恶纯取欣赏态度，也不能希望一切人都有耶稣的那样宽恕的态度，而且一切过恶都可受宽恕的感化。我们处在人的立场为人类谋幸福，必希望世间罪孽、过恶减少到可能的最低限度。减少的方法甚多，积极的感化与消极的裁制似都不可少。我们不能人人有佛的正觉，也不能人人有耶稣的无边的爱，但是我们人人都有几分羞恶之心。世间许多法律制度和道德信条都是利用人类同有的羞恶之心作原动力。近代心理学更能证明羞恶之心对于人格形成的重要。基于羞恶之心的道德影响也许是比较下乘的，但同时也是比较实际的、近人情的。

"羞恶之心"一词出于孟子，他以为是"义之端"，这就是说，行为适宜或恰到好处，须从羞恶之心出发。朱子分羞恶为两事，以为"羞是羞己之恶，恶是恶人之恶"。其实只要是恶，在己者可羞亦可恶，在人者可恶亦可羞。只拿行为的恶作对象说，羞恶原是一事。不过从心理的差别说，羞恶确可分对己对人两种。就对己说，羞恶之心起于自尊情操。人生来有向上心，无论在学识、才能、道德或社会地位方面，总想达到甚至超过流行于所属社会的最高标准。如果达不到这标准，显得自己比人低下，就自引以为耻。耻便是羞恶之心，西方人所谓荣誉意识（sense of honour）的消极方面。有耻才能向上奋斗。这中间有一个人我比较，一方面自尊情操不容我居人下，一方面社会情操使我顾虑到社会的毁誉。所以知耻同时有自私的和泛爱的两个不同的动机。对于一般人，耻（即羞恶之心）可以说就是道德情操的基础。他们趋善避恶，与其说是出于良心或责任心，不如说是出于羞恶之心，一方面不甘居下流，一方面看重社会的同情。中国先儒认清此点，所以布政施教，特重明耻。管子甚至以耻与礼义廉耻并称为"国之四维"。

人须有所为，有所不为。羞恶之心最初是使人有所不为。孟子在讲羞恶之心时，只说是"义之端"，并未举例说明，在另一段文字里他说："人能充无穿窬之心，而义不可胜用也，人能充无受尔汝之实，无所往而不为义也。"这里他似在举羞恶之心的实例，"无穿窬"（不做贼）和"无受尔汝之实"（不愿被人不恭敬地称呼），都偏于"有所不为"和"胁肩谄笑，病于夏畦""巧言令色足恭，左丘明耻之，丘亦耻之"之类心理相同。但孟子同时又说："人皆有所不为，达之于其所为，义也。"这就是说，羞恶之心可使人耻为所不应为，扩充起来，也可以使人耻不为所应为。为所应为便是尽责任，所以"知耻近乎勇"。人到了无耻，便无所不为，也便不能有所为。有所不为便可以寡过，但绝对无过实非常人所能。儒家与耶教都不责人有过，只力劝人改过。知过能改，须有悔悟。悔悟仍是羞恶之心的表现。羞恶未然的过恶是耻，羞恶已然的过恶是悔。耻令人免过，悔令人改过。

孟子说："不耻不若人，何若人有？"耻使人自尊自重，不自暴自弃。近代阿德勒（Adler）一派心理学说很可以引来说明这个道理。有羞恶之心先必发现自己的欠缺，发现了欠缺，自以为耻，（阿德勒所谓"卑劣情意综"），觉得非努力把它降伏下去，显出自己的尊严不可（阿德勒所谓"男性的抗议"），于是设法来弥补欠缺，结果不但欠缺弥补起，而且所达到的成就还比平常更优越。德摩斯梯尼本来口吃，不甘受这欠缺的限制，发奋练习演说，于是成为古希腊的最大演说家。贝多芬本有耳病，不甘受这欠缺的限制，发愤练习音乐，于是成为德国的最大音乐家。阿德勒举过许多同样的实例，证明许多历史上的伟大人物在身体资禀或环境方面都有缺陷，这缺陷所生的"卑劣情意综"激起他们的"男性的抗议"，于是他们拿出非常的力量，成就非常大事业。中国左丘明因失明而作《国语》，孙子因膑足而作《兵法》，司马迁因受宫刑而作《史记》，也是很好的例证。阿德勒偏就器官技能方面着眼，其实他的学说可以引申到道德范围。因卑劣意识而起男性抗议，是"知耻近乎勇"的一个很好的解释。诸葛孔明要邀孙权和刘备联合去打曹操，先假劝他向曹操投降，孙权问刘备何以不降，他回答说："田横，齐之壮士耳，犹守义不辱。况刘豫州王室之胄，英才盖世，安能复为之下乎？"孙权听到这话，便勃然宣布他的决心："吾不能举全吴之地，十万之众，受制于人！"这就是先激动羞耻心，再激动勇气，由卑劣意识引到男性抗议。

孟子讲羞恶之心，似专就己一方面说。朱子以为它还有对人一方面，想得更较周到。我们对人有羞恶之心，才能疾恶如仇，才肯努力去消除世间罪孽、过恶。孔子大圣人，胸襟本极冲和，但《论语》记载他恶人的表现特别多。冉有不能救季氏僭礼，宰我对鲁哀公说话近逢迎，子路说轻视读书的话，樊迟请学稼圃，孔子对他们所表示的态度都含有羞恶的意味。子贡问他："君子亦有所恶乎？"他回答说："有，恶称人之恶者，恶居下流而讪上者，恶勇而无礼者，恶果敢而窒者。"一口气就数上一大串。他尝以"吾未见好仁者恶不仁者"为叹。他最恶的是乡愿（现在所谓伪君子），因为这种人"阉然媚于世，非之无举，刺之无刺，居之似忠信，行之似廉洁，众皆悦之，自以为是而不可与入尧舜之道"。他一度为鲁相，第一件要政就是诛少正卯，一个十足的乡愿。我特别提出孔子来说，因为照我们的想象，孔子似不轻于恶人，而他竟恶得如此厉害，这最足证明凡道德情操深厚的人对于过恶必有极深的厌恶。世间许多人没有对象可五体投地地去钦佩，也没有对象可深入骨髓地去厌恶，只一味周旋随和，这种人表面上像是炉火纯青，实在是不明是非，缺乏正义感。社会上这种人愈多，恶人愈可横行无忌，不平的事件也愈可蔓延无碍，社会的混浊也就愈不易澄清。社会所借以维持的是公平（西方所谓 justice），一般人如果没有羞恶之心，任不公平的事件不受裁制，公平就无法存在。过去社会的游侠，和近代社会的革命者，都是迫于义愤，要"打抱不平"，虽非中行，究不失为狂狷，在社会腐浊的时候，仍是有他们的用处。

个人须有羞恶之心，集团也是如此。田横的五百义士不肯屈服于刘邦，全体从容赴义，历史传为佳话，古人谈兵，说明耻然后可以教战，因为明耻然后知道"所恶有胜于死者"，不会苟且偷生。我们民族这次英勇的抗战是最好的例证，大家牺牲安适、家庭、财产以至于生命，就因为不甘做奴隶的那一点羞恶之心。大抵一个民族当承平的时候，羞恶之心表现于公是公非，人民都能受到的法律的裁制，使社会秩序井然。所谓"化行俗美""有耻且格"。到了混乱的时候，一般人廉耻道丧，全民族的羞恶之心只能借少数优秀分子保存，于是才有"气节"的风尚。东汉太学生郭泰、李膺、陈蕃诸人处外戚宦官专权恣肆之际，独持清议，一再遭钩党之祸而不稍屈服。明末魏阉执权乱国，士大夫多阿谀取容，其无耻之尤者至认阉作父，东林党人独仗义执言，对阉党声罪致讨，至粉身碎骨而不悔。这些党人的行径容或过于褊急，但在恶势力横行之际能不顾一切，挺身维持正气，对于民族精神所留的影响是不可磨灭的。

目前我们民族正遇着空前的大难，国耻一重一重地压来，抗战的英勇将士固可令人起敬，而此外卖国求荣、贪污误国和醉生梦死者还大有人在，原因正在羞恶之心的缺乏。我们应该记着"明耻教战"的古训，极力培养人皆有之的一点羞恶之心。我们须知道做奴隶可耻，自己睁着眼睛往做奴隶的路上走更可耻。罪过如果在自己，应该忏悔；如果在旁人，也应深恶痛疾，设法加以裁制。

谈冷静

德国哲学家尼采把人类精神分为两种，一是阿波罗的，一是狄俄倪索斯的。这两个名称起源于古希腊神话。阿波罗是日神，是光的来源，世间一切事物得着光才显现形象。古希腊人想象阿波罗恋临奥林匹斯高峰，雍容肃穆，转运他的奕奕生辉的巨眼，普照世间一切，妍丑悲欢，同供玩赏，风帆自动而此心不为之动，他永远是一个冷静的旁观者。狄俄倪索斯是酒神，是生命的来源，生命无常幻变，狄俄倪索斯要在生命幻变中忘却生命幻变所生的痛苦，纵饮狂歌，争取刹那间尽量的欢乐，时时随着生命的狂澜流转，如醉如痴，曾不停止一息来反观自然或是玩味事物的形象，他永远是生命剧场中一个热烈的扮演者。尼采以为人类精神原有这两种分别，一静一动，一冷一热，一旁观一表演。艺术是精神的表现，也有这两种分别，例如图画、雕刻等造型艺术是代表阿波罗精神的，音乐、跳舞等非造型是代表狄俄倪索斯精神的。依尼采看，古代希腊人本最富于狄俄倪索斯精神，体验生命的痛苦最深切，所以内心最悲苦，然而没有走上绝望自杀的路，就好在有阿波罗精神来营救，使他们由表演者的地位跳到旁观者的地位，由热烈而冷静，于是人生一切灾祸罪孽便变成庄严灿烂的意象，产生了古希腊人的最高艺术——悲剧。

尼采的这番话乍看来未免离奇，实在含有至理。近代心理学区分性格的话和它暗合的很多，我们在这里不必繁引。尼采专就古希腊艺术着眼，以为它的长处在以阿波罗精神化狄俄倪索斯精神。古希腊艺术的作风在后来被称为"古典的"，和"浪漫的"相对立。所谓"古典的"作风特点就在冷静、有节制、有含蓄，全体必须和谐完美；所谓"浪漫的"作风特点就在热烈、自由流露、尽量表现、想象丰富、情感深至，而全体形式则偶不免有瑕疵。从此可知古典主义是偏于阿波罗精神的，浪漫主义是偏于狄俄倪索斯精神的。

"古典的"与"浪漫的"原只适用于文艺，后来常有人借用这两个形容词来谈人的性格，说冷静的、纯正的、情理调和的人是"古典的"；热烈的、好奇特的、偏重情感与幻想的人是"浪漫的"。人禀赋不同，生来各有偏向，教育与环境也常容易使人习染于某一方面，但就大体来说，青年人的性格常偏于"浪漫的"，老年人的性格常偏于"古典的"，一个民族也往往如此。这两种性格各有特长，在理论上我们似难作左右袒。不过我们可以说，无论在艺术或在为人方面，"浪漫的"都多少带着些稚气，而"古典的"则是成熟的境界。如果读者容许我说一点个人的经验，我的青年期已过去了，现在快走完中年的阶段，我曾经热烈地爱好过"浪漫的"文艺与性格，现在已开始逐渐发现"古典的"更可爱。我觉得一个人在任何方面想有真正伟大的成就，"古典的""阿波罗的"冷静都决不可少。

要明白冷静，先要明白我们通常所以不能冷静的原因。说浅一点，不能冷静是任情感、逞意气、易受欲望的冲动，处处显得粗心浮气；说深一点，不能冷静是整个性格修养上的欠缺，心境不够冲和豁达，头脑不够清醒，风度不够镇定安详。说到性格修养，困难在调和情与理。人是有生气的动物，不能无情感；人为万物之灵，不能无理智。情热而理冷，所以常相冲突。有一部分宗教家和哲学家见到任情纵欲的危险，主张抑情以存理。这未免是剥丧一部分人类天性，可以使人了无生气，不能算是健康的人生观。中外大哲人如孔子、柏拉图诸人都主张以理智节制情欲，使情欲得其正而能与理智相调和。不过这不是一件易事。孔子自道经验说："七十而从心所欲，不逾矩。"这才算是情理融和的境界，以孔子那样圣哲，到七十岁才能做到，可见其难能可贵。大抵修养入手的功夫在多读书明理，自己时时检点自己，要使理智常是清醒的，不让情感与欲望恣意孤行，久而久之，自然胸襟澄然，矜平躁释，遇事都能保持冷静的态度。

学问是理智的事，所以没有冷静的态度不能做学问。在做学问方面，冷静的态度就是科学的态度。科学（一切求真理的活动都包含在内）的任务在根据事实推求原理，在紊乱中建立秩序，在繁复中寻求条理。要达到这种任务，科学必须尊重所有的事实，无论它是正面的或反面的，不能挟丝毫成见去抹杀事实或是歪曲事实；他根据人力所能发现的事实去推求结论，必须步步虚心谨慎，把所有的可能解说都加以缜密考虑，仔细权衡得失，然后选定一个比较圆满的解说，留待未来事实的参证。所以科学的态度必须冷静，冷静才能客观、缜密、谨严。尝见学者立说，胸中先有一成见，把反面的事实抹杀，把相反的意见丢开，矜一曲之见为伟大发明，旁人稍加批评，便以怒目相加，横肆诋骂，批评者也以诋骂相报，此来彼去，如泼妇骂街，把原来的论点完全忘去。我们通常说这是动情感、凭意气。一个人愈易动情感、凭意气，在学问上愈难有成就。一个有学问的人必定是"清明在躬，志气如神"，换句话说，必定能冷静。

一般人欢喜拿文艺和科学对比，以为科学重理智而文艺重情感。其实文艺正因为表现情感的缘故，需要理智的控制反比科学更甚。英国诗人华兹华斯曾自道经验说："诗起于沉静中所回味得来的情绪。"人人都能感受情绪，感受情绪而能在沉静中回味，才是文艺家的特殊修养。感受是能入，回味是能出。能入是主观的、热烈的；回味是客观的、冷静的。前者是尼采所谓狄俄倪索斯精神的表现，而后者则是阿波罗精神的表现，许多人以为生糙情感便是文艺材料，怪自己没有能力去表现，其实文艺须在这生糙情感之上加以冷静的回味、思索、安排，才能豁然贯通，见出形式。语言与情思都必经过洗刷炼裁，才能恰到好处。许多人在兴高采烈时完成一个作品，便自矜为绝作，过些时候自己再看一遍，就不免发现许多毛病。罗马批评家贺拉斯劝人在完成作品之后，放下几年才发表，也是有见于文艺创作与修改，须要冷静，过于信任一时热烈兴头是最易误事的。我们在前面已经说过，成熟的"古典的"文艺作品特色就在冷静。近代写实派不满意于浪漫派，原因也在主张文艺要冷静。一个人多在文艺方面下功大，常容易养成冷静的态度。关于这一点，我在几年前写过一段自白，希望读者容许我引来参证：

　　我应该感谢文艺的地方很多，尤其它教我学会一种观世法。一般人常以为只有科学的训练才可以养成冷静的客观的头脑……我也学过科学，但是我的冷静的客观的头脑不是从科学而是从文艺得来的。凡是不能持冷静的客观的态度的人，毛病都在把"我"看得太大。他们从"我"这一副着色的望远镜里看世界，一切事物于是都失去它们的本来面目。所谓冷静的客观的态度就是丢开这副望远镜，让"我"跳到圈子以外，不当作世界里有"我"而去看世界，还是把"我"与类似"我"的一切东西同样看待。这是文艺的观世法，也是我所学得的观世法。

我引这段话，一方面说明文艺的活动是冷静，一方面也趁便引出做人也要冷静的道理。我刚才提到丢开"我"去看世界，我们也应该丢开"我"去看"我"。"我"是一个最可宝贵也是最难对付的东西。一个人不能无"我"，无"我"便是无主见、无人格。一个人也不能执"我"，执"我"便是持成见、逞意气，做学问不易精进，做事业也不易成功。佛家主张"无我相"，老子劝告孔子"去子之骄气与多欲"，都是有见于"执我"的错误。"我"既不能无，又不能执，如何才可以调剂安排，恰到好处呢？这需要知识。我们必须彻底认清"我"，才会妥帖地处理"我"。"知道你自己"，这句名言为一般哲学家公认为希腊人的最高智慧的结晶。世间事物最不容易知道的是你自己，因为要知道你自己，你必须能丢开"我"去看"我"，而事实上有了"我"就不易丢开"我"，许多人都时时为我见所蒙蔽而不自知，人不易自知，犹如有眼不能自见，有力不能自举。你要是一个凡人，你却容易把自己看成一个英雄；你的某一个念头、某一句话、某一种行为本是错误的，因为是你自己所想的、说的、做的，你的主观成见总使你自信它是对的。执迷不悟是人所常犯的过失。中国儒家要除去这个毛病，提倡"自省"的功夫。

"自省"就是自己审问自己，丢开"我"去看"我"。一般人眼睛常是朝外看，自省就是把眼光转向里面看。一般能自省的人才能自知。自省所凭借的是理智，是冷静的客观的科学的头脑。能冷静自省，品格上许多亏缺都可以免除。比如你发愤时，经过一番冷静的自省，你的怒气自然消释；你起了一个不正当的欲念时，经过一番冷静的自省，那个欲念也就冷淡下去；你和人因持异见争执，盛气相凌，你如果能冷静地把所有的论证衡量一下，你自然会发现谁是谁非，如果你自己不对，你须自认错误，如果你自己对，你有理由可以说服人。

从这些例子看，"自省"含有"自制"的功夫在内。一个能自制的人才能自强。能自制便有极大的意志力，有极大的意志力才能认定目标，看清事物条理，征服一切环境的困难，百折不挠以抵于成功。古今英雄豪杰有大过人的地方都在有坚强的意志力，而他们的坚强的意志力的表现往往在自制方面。哲学家如苏格拉底，宗教家如耶稣、释迦牟尼，政治家如诸葛亮、谢安、李泌，都是显著的实例。许多人动辄发火生气，或放僻邪侈，横无忌惮，或暴戾刚愎，恣意孤行，这种人看来像是强悍勇猛，实在最软弱，他们做情感的奴隶，或是卑劣欲望的奴隶，自己尚且不能控制，怎能控制旁人或控制环境呢？这种人大半缺乏冷静，遇事鲁莽灭裂，终必至于偾事。如果军国大政落在这种人的手里，则国家民族变成野心或私欲的孤注，在一喜一怒之间轻轻被断送。今日的德意志和日本不惜涂炭千百万生灵，置全民族命脉于险境，实由于少数掌政权者缺乏冷静的头脑，聊图逞一时的意气与狂妄的野心，如悬崖纵马，一放而不可收拾。这是最好的殷鉴。人类许多不必要的灾祸罪孽都是这种人惹出来的。如果我们从这些事例上想一想，就可以见出一个人或一个民族在失去冷静的理智的态度时所冒的危险。

一个理想的人须是有德有学有才。德与学需要冷静，如上所述，才也不是例外。才是处事的能力。一件事常有许多错综复杂的关系，头脑不冷静的人处之，便如置身五里雾中，觉得需要处理的是一团乱丝，处处是纠纷困难。他不是束手无策，就是考虑不周到，布置不缜密，一个困难未解决，又横生枝节，把事情弄得更糟。冷静的人便能运用科学的眼光，把目前复杂情形全盘一看，看出其中关系条理与轻重要害，在种种可能的办法之中选择一个最合理的，于是一切纠纷便如庖丁解牛，迎刃而解。治个人私事如此，治军国大事也是如此，能冷静的人必能谋定后动，动无不成。

一个冷静的人常是立定脚跟，胸有成竹，所以临难遇险，能好整以暇，雍容部署，不至张皇失措。我们中国人对于这种风格向来当作一种美德来欣赏赞叹。孔子在陈过匡，视险若夷，汉高伤胸扪足，史传都传为美谈，后来《世说新语》所载的"雅量"事例尤多，现提举数条来说明本文所谈的冷静：

> 桓公伏甲设馔，广延朝士，因此欲诛谢安、王坦之。王甚遽，问谢曰："当作何计？"谢神色不变，谓文度曰："晋阼存亡在此一行。"相与俱前，王之恐状转见于色，谢之宽容愈表于貌，望阶趋席，方作"洛生咏"，讽"浩浩洪流"。桓惮其旷远，乃趣解兵。王谢旧齐名，于此始判优劣。

> 谢太傅盘桓东山，时与孙兴公诸人泛海戏。风起浪涌，孙王诸人色并遽，便唱使还。太傅神情方王，吟啸不言。舟人以

公貌闲意悦，犹去不止。既风转急浪猛，诸人皆喧动不坐。公徐云："如此，将无归。"众人即承响而回，于是审其量，足以镇定朝野。

王子猷子敬曾俱坐一室，上忽发火。子猷遽走避，不遑取屐；子敬神色恬然，徐唤左右扶凭而出，不异平常。世以此定二王神宇。

这些都是冷静态度的最好实例。这种"雅量"所以难能可贵，因为它是整个人格的表现，需要深厚的修养。有这种雅量的人才能担当大事，因为他豁达、清醒、沉着，不易受困难摇动，在危急中仍可想出办法。

冷静并不如庄子所说的"形如槁木，心如死灰"，但是像他所说的游鱼从容自乐。禅家最好做冷静的功夫，他们的胜境却不在坐禅而在禅机。这"机"字最妙。宇宙间许多至理妙谛，寄寓于极平常微细的事物中，往往被粗心浮气的人们忽略过，陈同甫所以有"恨芳菲世界，游人未赏，都付与莺和燕"的嗟叹。冷静的人才能静观，才能发现"万物皆自得"。孔子引《诗经》"鸢飞戾天，鱼跃于渊"二句而加以评释说："言其上下察也。"这"察"字下得极好，能"察"便能处处发现生机，吸收生机，觉得人生有无穷乐趣。世间人的赞美只是习焉不察，所以生活枯燥，日流于卑鄙污浊。"察"就是"静观"，美学家所说的"观照"，它的唯一条件是冷静超脱。哲学家和科学家所做的功夫在这"察"字上，诗人和艺术家所做的功夫也还在这"察"字上。尼采所说的日神阿波罗也是时常在"察"。人在冷静时静观默察，处处触机生悟，便是"地行仙"。有这种修养的人才有极丰富的生机和极厚实的力量！

谈学问

这是一个大题目，不易谈：因为许多人对它有很大的误解，却又不能不谈。最大的误解在把学问和读书看成一件事。子弟进学校不说是"求学"而说是"读书"，学子向来叫作"读书人"，粗通外国文者在应该用"学习"（learn）或"治学"（study）等字时常用"阅读"（read）来代替。这种传统观念的错误影响到我国整个教育的倾向。各级学校大半把教育缩为知识传授，而知识传授的途径就只有读书，教员只是"教书人"。这种错误的观念如果不改正，教育和学问恐怕就没有走上正轨的希望。如果我们稍加思索，它也应该不难改正。学是学习，问是追问。世间可学习可追问的事理甚多，知识技能须学问，品格修养也还须学问；读书人须学问，农工商兵也还须学问，各行有各行的"行径"。学问是任何人对于任何事理，由不知求知，由不能求能的一套功夫。它的范围无限，人生一切活动，宇宙一切现象和真理，莫不包含在内。学问的方法甚多，人从堕地出世，没有一天不在学问。有些学问由仿效得来的，也有些学问是由尝试、思索、体验和涵养得来的。读书不过是学问的方法之一种，它当然很重要，却并非唯一。朱子教门徒，一再申说"读书乃学者第二事"。有许多读书人实在并非在做学问，也有许多实在做学问的人并不专靠读书，制造文字——书的要素——是一种绝大学问，而首先制造文字的人就根本无书可读，许多其他学问都可由此类推。子路的"何必读书然后为学"一句话本身并不错，孔子骂他，只是讨厌他说这话的动机在辩护让一个青年学子去做官，也并没有说它本身错。

一般人常埋怨现在青年对于学问没有浓厚的兴趣。就个人任教的经验说，我也有这样的观感。平心而论，这大半要归咎我们"教书人"。把学问看成"教书""读书"这一错误的观念如果不全是我们养成的，至少我们未曾设法纠正。而且我们自己又没有好生学问，给青年学子树一个好榜样，可以激励他们的志气，提起他们的兴趣。此外，社会上一般人对于学问的性质和功用所存的误解也不无关系。近代西方学者常把纯理的学问和应用的学问分开，以为治应用的学问是有所为而为，治纯理的学问是无所为而为。他们怕学问全落到应用一条窄路上，尝设法替无所为而为的学问辩护，说它虽"无用"，却可满足人类的求知欲。这种用心很可佩服，而措辞却不甚正确。学问起于生活的需要，世间决没有一种学问无用，不过"用"的意义有广狭之别。学得一种学问，就可以有一种技能，拿它来应用于实际事业，如学得数学几何三角就可以去算账、测量、建筑、制造机械，这是最正常的"用"字的狭义。学得一点知识技能，就混得一种资格，可以谋一个职业，解决饭碗问题，这就是功利主义的"用"字的狭义。但是学问的功用并不仅如此，我们甚至可以说，学问的最大功用并不在此。心理学者研究智力，有普通智力与特殊智力的分别；古人和今人品题人物，都有通才与专才的分别。学问的功用也可以说有"通"有"专"。治数学即应用于计算数量，这是学问的专用；治数学而变成一个思想缜密、性格和谐、善于立身处世的人，这是学问的通用。学问在实际上确有这种通用。就智慧说，学问是训练思想的工具。一个真正有学问的人必定知识丰富、思想锐敏、洞达事理，处任何环境，知道把握纲要、分析条理、解决困难。就性格说，学问是道德修养的途径。苏格拉底说得好，"知识即德行。"世间许多罪恶都起于愚昧，如果真正彻底明了一件事是好的，另一件事是坏的，一个人决不会睁着眼睛向坏的方面走。中国儒家讲学问，素来全重立身行己的功夫，一个学者应该是一个圣贤，不仅如现在所谓"知识分子"。

现在所谓"知识分子"的毛病在只看到学的狭义的"用"，尤其是功利主义的"用"。学问只是一种干禄的工具。我曾听到一位教授在编成一部讲义之后，心满意足地说："一生吃着不尽了！"我又曾听到一位朋友劝导他的亲戚不让刚在中学毕业的儿子去就小事说："你这种办法简直是吃稻种！"许多升学的青年实在只为着要让稻种发生成大量谷子，预备"吃着不尽"。所以大学里"出路"最广的学系如经济系、机械系之类常是拥挤不堪，而哲学系、数学系、生物学系诸"冷门"，就简直无人问津。治学问根本不是为学问本身，而是为着它的出路销场，在治学问时既是"醉翁之意不在酒"，得到出路销场后当然更是"得鱼忘筌"了。在这种情形之下的我们如何能期望青年学生对于学问有浓厚的兴趣呢？

这种对于学问功用的窄狭而错误的观念必须及早纠正。生活对于有生之伦是唯一的要务，学问是为生活。这两点本是天经地义。不过现代中国人的错误在把"生活"只看成口腹之养。"谋生活"

与"谋衣食"在流行语中是同一意义。这实在是错误得可怜可笑。人有肉体，有心灵。肉体有它的生活，心灵也应有它的生活。肉体需要营养，心灵也不能"辟谷"。肉体缺乏营养，必酿成饥饿病死；心灵缺乏营养，自然也要干枯腐化。人为万物之灵，就在他有心灵或精神生活。所以测量人的成就并不在他能否谋温饱，而在他有无丰富的精神生活。一个人到了只顾衣食饱暖而对于真善美漫不感觉兴趣时，他就只能算是一种"行尸走肉"，一个民族到了只顾体肤需要而不珍视精神生活的价值时，它也就必定逐渐没落了。

学问是精神的食粮，它使我们的精神生活更加丰富。肚皮装得饱饱的，是一件乐事，心灵装得饱饱的，是一件更大的乐事。一个人在学问上如果有浓厚的兴趣，精深的造诣，他会发现万事万物各有一个妙理在内，他会发现自己的心涵蕴万象，澄明通达，时时有寄托，时时在生展，这种人的生活决不会干枯，他也决不会做出卑污下贱的事。《论语》记"颜子在陋巷，一箪食，一瓢饮，人不堪其忧，回也不改其乐"。孔子赞他"贤"，并不仅因为他能安贫，尤其因为他能乐道，换句话说，他有极丰富的精神生活。宋儒教人体会颜子所乐何在，也恰抓着紧要处，我们现在的人不但不能了解这种体会的重要，而且把它看成道学家的迂腐。这在民族文化上是一个极严重的病象，必须趁早设法医治。

中国语中"学"与"问"连在一起说，意义至为深妙，比西文中相当的译词如 learning、study、science 诸字都好得多。人生来有向上心，有求知欲，对于不知道的事物欢喜发疑问。对于一种事物发生疑问，就是对于它感觉兴趣。既有疑问，就想法解决它，几经摸索，终于得到一个答案，于是不知道的变为知道的，所谓"一旦豁然贯通"，这便是学有心得。学原来离不掉问，不会起疑问就不会有学。许多人对于一种学问不感觉兴趣，原因就在那种学问对于他们不成问题，没有什么逼得他们要求知道。但是学问的好处正在原来有问题的可以变成没有问题，原来没有问题的也可以变成有问题。前者是未知变成已知，后者发现貌似已知究竟仍为未知。比如说逻辑学，一个中学生学过一年半载，看过一部普通教科书，觉得命题、推理、归纳、演绎之类都讲得妥妥帖帖，了无疑义。可是他如果进一步在逻辑学上面下一点研究功夫，便会发现他从前认为透懂的几乎没有一件不成为问题，没有一件不曾经许多学者辩论过。他如果再更进一步去讨探，他会自己发现许多有趣的问题，并且觉悟到他自己一辈子也不一定能把这些问题都解决得妥妥帖帖。逻辑学是一科比较不幼稚的学问，犹且如此，其他学问更可由此类推了。一个人对于一种学问如果肯钻进里面去，必须使有问题的变为没有问题（这便是问），疑问无穷，发现无穷，兴趣也就无穷。学问之难在此，学问之乐也就在此。一个人对于一种学问说是不感兴趣，那只能证明他不用心，不努力下功夫，没有钻进里面去。世间决没有自身无兴趣的学问，人感觉不到兴趣，只由于人的愚昧或懒惰。

学与问相连，所以学问不只是记忆而必是思想，不只是因袭而必是创造。凡是思想都是由已知推未知，创造都是旧材料的新综合，所以思想究竟须从记忆出发，创造究竟须从因袭出发。由记忆生思想，由因袭生创造，犹如吸收食物加以消化之后变为生命的动力。食而不化固然是无用，不食而求化也还是求无中生有，向来论学问的话没有比孔子的"学而不思则罔，思而不学则殆"两句更为精深透辟。学原有"效"义，研究儿童心理学者都知道学习大半基于因袭或模仿。这里谓"学"是偏重吸收前人已有的知识和经验。思是自己运用脑筋，一方面求所学得的能融会贯通，井然有条，一方面由疑难启发新知识与新经验。一般学子有两种通弊。一种是聪明人所常犯着的，他们过于相信自己的思考力而忽略前人的成就。其实每种学问都有长久的历史，其中每一个问题都曾经许多人思虑过，讨论过，提出过种种不同的解答，你必须明白这些经过，才可以利用前人的收获，免得绕弯子甚至于走错路。比如说生物学上的遗传问题，从前雷马克、达尔文、魏意斯曼、孟德尔诸大家已经做过许多实验，得到许多观察，用过许多思考。假如你对于他们的工作茫无所知或是一笔抹杀，只凭你自己的聪明才力来解决遗传问题，这岂不是狂妄？世间这种"思而不学"的人正甚多，他们不知道这种凭空构造的"殆"。另外一种通弊是资质较钝而肯用功的人所常犯的。他们一味读死书，古人所说的无论正确不正确，都不分皂白地接受过来，吟咏赞叹，自己毫不用思考求融会贯通，更没有一点冒险的精神，自己去求新发现，这是学而不思，孔子对于这种办法所下的评语是"罔"，意思就是说无用。

学问全是自家的事。环境好、图书设备充足、有良师益友指导启发，当然有很大的帮助。但是这些条件具备不一定能保障一个人在学问上有成就，世间也有些在学问上有成就的人并不具这些条件。最重要的因素是个人自己的努力。学问是一件艰苦的事，许多人不能忍耐它所必经的艰苦。努力之外，第二个重要的因素是认清方向与门径。入手如果走错了路，愈努力则入迷愈深，离题愈远。比如学写字、诗文或图画，一走上庸俗恶劣的路，后来如果想把它丢开，比收覆水还更困难，习惯的力量比什么都较沉重，世上有许多人像在努力做学问，只是陷入"野狐禅"，高自期许而实荒谬绝伦，这个毛病只有良师益友可以挽救。学校教育，在我想，只有两个重要的功用：第一是启发兴趣，其次就是指点门径。现在一般学校不在这两方面努力，只尽量灌输死板的知识。这种教育对于学问不仅无裨益而且是障碍！

谈读书

十几年前我曾经写过一篇短文谈读书，这问题实在是谈不尽，而且这些年来我的见解也有些变迁，现在再就这问题谈一回，趁便把上次谈学问有未尽的话略加补充。

学问不只是读书，而读书究竟是学问的一个重要途径。因为学问不仅是个人的事而是全人类的事，每科学问到了现在的阶段，是全人类分工努力日积月累所得到的成就，而这成就还没有淹没，就全靠有书籍记载流传卜来。书籍是过去人类的精神遗产的宝库，也可以说是人类文化学术前进轨迹上的里程碑。我们就现阶段的文化学术求前进，必定根据过去人类已得的成就做出发点。如果抹杀过去人类已得的成就，我们说不定要把出发点移回到几百年甚至几千年前，纵然能前进，也还是开倒车落伍。读书是要清算过去人类成就的总账，把几千年的人类思想经验在短促的几十年内重温一遍，把过去无数亿万人辛苦获来的知识教训集中到读者一个人身上去受用。有了这种准备，一个人才能在学问途程上做万里长征，去发现新的世界。

历史愈前进，人类的精神遗产愈丰富，书籍愈浩繁，而读书也就愈不易。书籍固然可贵，却也是一种累赘，可以变成研究学问的障碍。它至少有两大流弊。第一，书多易使读者不专精。我国古代学者因书籍难得，皓首穷年才能治一经，书虽读得少，读一部却就是一部，口诵心惟，咀嚼得烂熟，透入身心，变成一种精神的原动力，一生受用不尽。现在书籍易得，一个青年学者就可夸口曾过目万卷，"过目"的虽多，"留心"的却少，譬如饮食，不消化的东西积得愈多，愈易酿成肠胃病，许多浮浅虚骄的习气都由耳食肤受所养成。其次，书多易使读者迷方向。任何一种学问的书籍现在都可装满一个图书馆，其中真正绝对不可不读的基本著作往往不过数十部甚至于数部。许多初学者贪多而不务得，在无足轻重的书籍上浪费时间与精力，就不免把基本要籍耽搁了，比如学哲学的尽管看过无数种的哲学史和哲学概论，却没有看过一种柏拉图的《对话集》；学经济学的尽管读过无数种的教科书，却没有看过亚当·斯密的《原富》。做学问如作战，须攻坚挫锐，占住要塞。目标太多了，掩埋了坚锐所在，只东打一拳，西踢一脚，就成了"消耗战"。

读书并不在多，最重要的是选得精，读得彻底，与其读十部无关轻重的书，不如以读十部书的时间和精力去读一部真正值得读的书；与其十部书都只能泛览一遍，不如取一部书精读十遍。"好书不厌百回读，熟读深思子自知"，这两句诗值得每个读书人悬为座右铭。读书原为自己受用，多读不能算是荣誉，少读也不能算是羞耻。少读如果彻底，必能养成深思熟虑的习惯，涵泳优游，以至于变化气质；多读而不求甚解，譬如驰骋十里洋场，虽珍奇满目，徒惹得心慌意乱，空手而归。世间许多人读书只为装点门面，如暴发户炫耀家私，以多为贵。这在治学方面是自欺欺人，在做人方面是趣味低劣。

读的书当分种类，一种是为获得现世界公民所必需的常识，一种是为做专门学问。为获常识起见，目前一般中学和大学初年级的课程，如果认真学习，也就很够用。所谓认真学习，熟读讲义课本并不济事，每科必须精选要籍三五种来仔细玩索一番。常识课程总共不过十数种，每种选读要籍三五种，总计应读的书也不过五十部左右。这不能算是过奢的要求。一般读书人所读过的书大半不止此数，他们不能得实益，是因为他们没有选择，而阅读时又只潦草滑过。

常识不但是现世界公民所必需，就是专门学者也不能缺少它。近代科学分野严密，治一科学问者多故步自封，以专门为借口，对其他相关学问毫不过问。这对于分工研究或许是必要，而对于淹通深造却是牺牲。宇宙本为有机体，其中事理彼此息息相关，牵其一即动其余，所以研究事理的种种学问在表面上虽可分别，在实际上却不能割开。世间决没有一科孤立绝缘的学问。比如政治学须牵涉到历史、经济、法律、哲学、心理学以至于外交、军事等，如果一个人对于这些相关学问未曾问津，入手就要专门习政治学，愈前进必愈感困难，如老鼠钻牛角，愈钻愈窄，寻不着出路。其他学问也大抵如此，不能通就不能专，不能博就不能约。先博学而后守约，这是治任何学问所必守的程序。我们只看学术史，凡是在某一科学问有大成就的人，都必定于许多他科学问有深广的基础。目前我国一般青年学子动辄喜言专门，以至于许多专门学者对于极基本的学科毫无常识。这种风气也许是在国外大学做博士论文的先生们所酿成的。它影响到我们的大学课程，许多学系所设的科目"专"到不近情理，在外国大学研究院里也不一定有。这好像逼吃奶的小孩去嚼肉骨，岂不是误人子弟？

有些人读书，全凭自己的兴趣。今天遇到一部有趣的书就把预拟做的事丢开，用全副精力去读它；明天遇到另一部有趣的书，仍是如此办，虽然这两书在性质上毫不相关。一年之中可以时而习天文，时而研究蜜蜂，时而读莎士比亚。在旁人认为重要而自己不感兴味的书都一概置之不理。这种读法有如打游击，亦如蜜蜂采蜜。它的好处在使读书成为乐事，对于一时兴到的著作可以深入，久而久之，可以养成一种不平凡的思路与胸襟。它的坏处在使读书泛滥而无所归宿，缺乏专门研究所必需的"经院式"的系统训练，产生畸形的发展，对于某一方面知识过于重视，对于另一方面知识可以很蒙昧。我的朋友中有专读冷僻书籍，对于正经正史从未过问的，他在文学上虽有造就，但不能算是专门学者。如果一个人有时间与精力允许他过享乐主义的生活，不把读书当作工作而只当作消遣，这种蜜蜂采蜜式的读书法原亦未尝不可采用。但是一个人如果抱有成就一种学问的志愿，他就不能不有预定计划与系统。对于他，读书不仅是追求兴趣，尤其是一种训练，一种准备。有些有趣的书他须得牺牲，也有些初看很枯燥的书他必须咬定牙关去硬啃，啃久了他自然还可以啃出滋味来。

读书须有一个中心去维持兴趣，或是科目，或是问题。以科目为中心时，就要精选那一科的要籍，一部一部地从头到尾读，以求对于该科得到一个概括的了解，做进一步高深研究的准备。读文学作品以作家为中心，读史学作品以时代为中心，也属于这一类。以问题为中心时，心中先须有一个待研究的问题。然后采关于这问题的书籍去读，用意在搜集材料和诸家对于这问题的意见，以供自己权衡去取，推求结论。重要的书仍须全看，其余的这里看一章，那里看一节，得到所要搜集的材料就可以丢手。这是一般做研究工作者所常用的方法，对于初学不相宜。不过初学者以科目为中心时，仍可约略采取以问题为中心的微意。一书作几遍看，每一遍只着重某一方面。苏东坡与王朗书曾谈到这个方法：

> 少年为学者，每一书皆作数次读之。当如入海，百货皆有，人之精力不能并收尽取，但得其所欲求者耳。故愿学者每一次作一意求之，如欲求古今兴亡治乱圣贤作用，且只作此意求之，勿生余念；又别作一次求事迹文物之类，亦如之。他皆仿此。若学成，八面受敌，与慕涉猎者不可同日而语。

朱子尝劝他的门人采用这个方法。它是精读的一个要诀，可以养成仔细分析的习惯。举看小说为例，第一次但求故事结构，第二次但注意人物描写，第三次但求人物与故事的穿插，以至于对话、辞藻、社会背景、人生态度等都可如此逐次研求。

读书要有中心，有中心才易有系统组织。比如看史书，假定注意的中心是教育与政治的关系，则全书中所有关于这问题的史实都被这中心联系起来，自成一个系统。以后读其他书籍如经子专集之类，自然也常遇着关于政教关系的事实与理论，它们也自然归到从前看史时所形成的那个系统了。一个心里可以同时有许多系统中心，如一部字典有许多"部首"，每得一条新知识，就会依物以类聚的原则，汇归到它的性质相近的系统里去，就如拈新字帖进字典里去，是人旁的字都归到人部，是水旁的字都归到水部。大凡零星片段的知识，不但易忘，而且无用。每次所得的新知识必须与旧有的知识联络贯串，这就是说，必须围绕一个中心归聚到一个系统里去，才会生根，才会开花结果。

记忆力有它的限度，要把读过的书所形成的知识系统，原本枝叶都放在脑里储藏起，在事实上往往不可能。如果不能储藏，过目即忘，则读亦等于不读。我们必须于脑以外另辟储藏室，把脑所储藏不尽的都移到那里去。这种储藏室在从前是笔记，在现在是卡片。记笔记和做卡片有如植物学家采集标本，须分门别类订成目录，采得一件就归入某一门某一类，时间过久了，采集的东西虽极多，却各有班位，条理井然。这是一个极合乎科学的办法，它不但可以节省脑力，储有用的材料，供将来的需要，还可以增强思想的条理化与系统化。预备做研究工作的人对于记笔记、做卡片的训练，宜于早下功夫。

谈英雄崇拜

　　关于英雄崇拜有两种相反的看法，依一种看法，英雄造时势，人类文化各方面的发端与进展都靠着少数伟大人物去倡导推动，多数人只在随从附和。一个民族有无伟大成就，要看它有无伟大人物，也要看它中间多数民众对于伟大人物能否倾倒敬慕，闻风兴起。卡莱尔在他的名著《英雄崇拜》里大致持这种看法。"世界历史，"他说，"人类在这世界上所成就的事业的历史，骨子里就是在当中工作的几个伟大人物的历史。""英雄崇拜就是对于伟大人物的极高度的爱慕。在人类胸中没有一种情操比这对于高于自己者的爱慕更为高贵。"尼采的超人主义其实也是一种英雄崇拜主义涂上了一层哲学的色彩。但依另一种看法，时势造英雄，历史的原动力是多数民众，民众的努力造成每时代政教文化各方面的"大势所趋"，而所谓英雄不过顺承这"大势所趋"而加以尖锐化，并没有什么神奇。这是托尔斯泰在《战争与和平》里所提出的主张。他说："英雄只是贴在历史上的标签，他们的姓名只是历史事件的款识。"有些人根据这个主张而推论到英雄不必受崇拜。从史实看，自从古雅典城时代的群众领袖（demagogue）一直到现代极权国家的独裁者，有不少的事例可证明盲目的英雄崇拜往往酿成极大的灾祸。有些人根据这些事例而推论到英雄崇拜的危险。此外也还有些人以为崇拜英雄势必流于发展奴性，阻碍独立自由的企图，造成政治上的独裁与学术思想上的正统专制，与德谟克拉西精神根本不相容。

就大体说，反对英雄崇拜的理论在现代颇占优势，因为它很合一批不很英雄的人们的口胃。不过在事实上，英雄崇拜到现在还很普遍而且深固，无论带哪一种色彩的人心中都免不掉有几分。托尔斯泰不很看重英雄，而他自己却被许多人当作英雄去崇拜。这是一个很有趣而也很有意义的人生讽刺。社会靠着传统和反抗两种相反的势力演进。无论你站在哪一方壁垒，双方都各有它的理想的斗士，它的英雄；维拥传统者如此，反抗者也是如此。从有人类社会到现在，每时代每社会都有它的英雄，而英雄也都被人崇拜，这是铁一般的事实，没有人能否认的。我们在这里用不着替一个与历史俱久的事实辩护，我们只需研究它的含义和在人生社会上的可能的功用。

什么叫作"英雄"？牛津字典所给 hero 的字义大要有四：第一是"具有超人的本领，为神灵所默佑者"，其次是"声名煊赫的战士，曾为国争战者"，第三是"其成就及高贵性格为人所景仰者"，最后是"诗和戏剧中的主角"。这四个意义显然是互相关联的。凡是英雄必定是非常人，得天独厚，能人之所难能，在艰危时代能为国家杀敌御侮，在承平时代他的事业和品学也能为民族的楷模，在任何重大事件中，他必是倡导推动者，如戏剧中的主角。他的名称有时不很一致，"圣贤""豪杰""至人"，所指的都大致相同。

一谈到英雄，大概没有不明了他是什么一种人；可是追问到究竟哪一个人才算是英雄，意见却很难一致。小孩子们看惯侠义小说，心目中的英雄是在峨眉山修炼得道的拳师剑侠，江湖帮客所知道的英雄是《水浒传》里所形容的梁山泊一群好汉和他们帮里的"柁把子"。读书人言必讲周孔，弄武艺的人拜关羽岳飞。古代和近代，中国和西方，所持的英雄标准也不完全一致。仔细研究起来，每种社会，每种阶级，甚至于每个人都各有各的英雄。所以这个意义似很明显的名称所指的究为何种人实在很难确定。

这也并不足为奇。英雄本是一种理想人物。一群人或一个人所崇拜的英雄其实就是他们的或他的人生理想的结晶。人生理想如忠、孝、节、义、智、仁、勇之类都是抽象概念，颇难捉摸，而人类心理习性常倾向于依附可捉摸的具体事例。英雄就是抽象的人生理想所实现的具体事例，他是一幅天然图画，大家都可以指着他向自己说："像那样的人才是我们所应羡慕而仿效的！"说到英勇，一般人印象也许很模糊，但是一般人都知道崇拜秦皇汉武，或是亚历山大和拿破仑。人人尽管知道忠义为美德，但是要一般人为忠义所感动，千言万语也抵不上一篇岳飞或文天祥的叙传。每个人，每个社会，都有他的特殊的人生理想；很显然的，也就有他的特殊英雄。哲学家的英雄是孔子和苏格拉底，宗教家的英雄是释迦和耶稣，侵略者的英雄是拿破仑，而资本家的英雄则为煤油大王和钢铁大王。行行出状元，就是行行有英雄。

人们所崇拜的英雄尽管不同，而崇拜的心理则无二致。这心理分析起来也很复杂。每个英雄必有确足令人钦佩之点，经得起理智衡量，不仅能引起盲目的崇拜。但是"崇拜"是宗教上的术语，既云崇拜，就不免带有几分宗教的迷信，就不免有几分盲目。英雄尽管有不足崇拜处，可是我们既然崇拜他，就只看得见他的长处，看不见他的短处。"爱而知其恶"就不是崇拜,崇拜是无限制的敬慕,有时甚至失去理性。西谚说:"没有人是他的仆从的英雄。"因为亲信的仆从对主人看得太清楚。古代帝王要"深居简出",实有一套秘诀在里面。在崇拜的心理中,情感的成分远过于理智的成分。英雄崇拜的缺点在此,因为它免不掉几分盲目的迷信;但是优点也正在此,因为它是敬贤向上心的表现。敬贤向上是人类心灵中最可宝贵的一点光焰,个人能上进,社会能改良,文化能进展,都全靠有它在烛照。英雄常在我们心中煽燃这一点光焰,常提醒我们人性尊严的意识,将我们提升到高贵境界。崇拜英雄就是崇拜他所特有的道德价值。世间只有几种人不能崇拜英雄:一是愚昧者,根本不能辨别好坏;一是骄矜妒忌者,自私的野心蒙蔽了一切,不愿看旁人比自己高一层;一是所谓"犬儒"(cynics),轻世玩物,视一切无足道;最后就是丧尽天良者,毫无人性,自然也就没有人性中最高贵的虔敬心。这几种人以外,任何人都多少可以崇拜英雄,一个人能崇拜英雄,他多少还有上进的希望,因为他还有道德方面的价值意识。

崇拜英雄的情操是道德的,同时也是超道德的。所谓"超道德的",就是美感的。太史公在《孔子世家》里说:"高山仰止,景行行止,虽不能至,然心焉向往之。"这几句话写英雄崇拜的情绪最为精当。对着伟大人物,有如对着高山大海,使人起美学家所说的"崇高雄伟之感"(sense of the sublime)。依美学家的分析,起崇高雄伟感觉时,我们突然间发现对象无限伟大,无形中自觉此身渺小,不免肃然起敬,栗然生畏,惊奇赞叹,有如发呆;但惊心动魄之余,就继以心领神会,物我同一而生命起交流,我们于不知不觉中吸收融会那一种伟大的气魄，而自己也振作奋发起来，仿佛在模仿它，努力提升到同样伟大的境界。对高山大海如此，对暴风暴雨如此，对伟大英雄也如此。崇拜英雄是好善也是审美。在人生胜境，善与美常合而为一，此其一例。

这种所描写的自然只是极境，在实际上英雄崇拜有深有浅，不一定都达到这种极境。但无论深浅，它的影响都大体是好的。社会的形成与维系都不外借宗教、政治、教育、学术几种"文化"的势力。宗教起于英雄崇拜，卡莱尔已经详论过。世界中最宗教的民族要算希伯来人，读《旧约》的人们大概都明了希伯来也是一个最崇拜英雄的民族。政治的灵魂在秩序组织，而秩序组织的建立与维持必赖有领袖。一个政治团体里有领袖能号召，能得人心悦诚服，政治没有不修明的。至于教育、学术也都需要有人开风气之先。假想没有孔、墨、庄、老几个哲人，中国学术思想还留在怎样一个地位！没有柏拉图、亚理斯多德、笛卡儿、康德几个哲人，西方学术思想还留在怎样一个地位！如此等类问题是颇耐人寻思的。俗话有一句说得有趣："山中无老虎，猴子称霸王。"阮步兵登广武曾发"时无英雄，遂令竖子成名"之叹。一个国家民族到了"猴子称霸王"或是"竖子成名"的时候，它的文化水准也就可想而见了。

学习就是模仿，人是最善于学习的动物，因为他是最善于模仿的动物。模仿必有模型，模型的美丑注定模仿品的好丑，所谓"种瓜得瓜，种豆得豆"。英雄（或是叫他"圣贤""豪杰"）是学做人的好模型。所以从教育观点看，我们主张维持一般人所认为过时的英雄崇拜。尤其在青年时代，意象的力量大于概念，与其向他们说仁义道德，不如指点几个有血有肉的具有仁义道德的人给他们看。教育重人格感化，必须是一个具体的人格才真正有感化力。

我们民族中从古至今，做人的好模型委实不少，可惜长篇传记不发达，许多伟大人物都埋在断简残篇里面，不能以全副面目活现于青年读者眼前。这个缺陷希望将来有史家去弥补。

谈交友

　　人生的快乐有一大半要建筑在人与人的关系上面。只要人与人的关系调处得好，生活没有不快乐的。许多人感觉生活苦恼，原因大半在没有把人与人的关系调处适宜。这人与人的关系在我国向称为"人伦"。在人伦中先儒指出五个最重要的，就是君臣、父子、夫妇、兄弟、朋友。这五伦之中，父子、夫妇、兄弟起于家庭，君臣和朋友起于国家社会。先儒谈伦理修养，大半在五伦上做功夫，以为五伦上面如果无亏缺，个人修养固然到了极境，家庭和国家社会也就自然稳固了。五伦之中，朋友一伦的地位很特别，它不像其他四伦都有法律的基础，它起于自由的结合，没有法律的力量维系它或是限定它，它的唯一的基础是友爱与信义。但是它的重要性并不因此减少。如果我仍把人与人中间的好感称为友谊，则无论是君臣、父子、夫妇或是兄弟之中，都绝对不能没有友谊。就字源说，在中西文里"友"字都含有"爱"的意义。无爱不成友，无爱也不成君臣、父子、夫妇或兄弟。换句话说，无论哪一伦，都非有朋友的要素不可，朋友是一切人伦的基础。懂得处友，就懂得处人；懂得处人，就懂得做人。一个人在处友方面如果有亏缺，他的生活不但不能是快乐的，而且也决不能是善的。

谁都知道，有真正的好朋友是人生一件乐事。人是社会的动物，生来就有同情心，生来也就需要同情心。读一篇好诗文，看一片好风景，没有一个人在身旁可以告诉他说："这真好呀！"心里就觉得美中有不足。遇到一件大喜事，没有人和你同喜，你的欢喜就要减少七八分；遇到一件大灾难，没有人和你同悲，你的悲痛就增加七八分。孤零零的一个人不能唱歌，不能说笑话，不能打球，不能跳舞，不能闹架拌嘴，总之，什么开心的事也不能做。世界最酷毒的刑罚要算幽禁和充军，逼得你和你所常接近的人们分开，让你尝无亲无友那种孤寂的风味。人必须接近人，你如果不信，请你闭关独居十天半个月，再走到十字街头在人丛中挤一挤，你心里会感到说不出来的快慰，仿佛过了一次大瘾，虽然街上那些行人在平时没有一个让你瞧得上眼。人是一种怪物，自己是一个人，却要显得瞧不起人，要孤高自赏，要闭门谢客，要把心里所想的看成神妙不可言说，"不可与俗人道"，其实隐意识里面唯恐人不注意自己，不知道自己，不赞赏自己。世间最欢喜守秘密的人往往也是最不能守秘密的人。他们对你说："我告诉你，你却不要告诉人。"他不能不告诉你，却忘记你也不能不告诉人。这所谓"不能"实在出于天性中一种极大的压迫力。人需要朋友，如同人需要泄露秘密，都由于天性中一种压迫力在驱遣。它是一种精神上的饥渴，不满足就可以威胁到生命的健全。

谁也都知道，朋友对于性格形成的影响非常重大。一个人的好坏，朋友熏染的力量要居大半。既看重一个人，把他当作真心朋友，他就变成一种受崇拜的英雄，他的一言一笑，一举一动都在有意无意之间变成自己的模范，他的性格就逐渐有几分变成自己的性格。同时，他也变成自己的裁判者，自己的一言一笑，一举一动，都要顾到他的赞许或非难。一个人可以蔑视一切人的毁誉，却不能不求见谅于知己。每个人身旁有一个"圈子"，这圈子就是他所尝亲近的人围成的，他跳来跳去，尝跳不出这圈子。在某一种圈子就成为某一种人。圣贤有道，盗亦有道。隔着圈子相视，尧可非桀，桀亦可非尧。究竟谁是谁非，责任往往不在个人而在他所在的圈子。古人说："与善人交，如入芝兰之室，久而不闻其香；与恶人交，如入鲍鱼之肆，久而不闻其臭。"久闻之后，香可以变成寻常，臭也可以变成寻常，习而安之，就不觉其为香为臭。一个人应该谨慎择友，择他所在的圈子，道理就在此。人是善于模仿的，模仿品的好坏，全看模型的好坏。有如素丝，染于青则青，染于黄则黄。"告诉我谁是你的朋友，我就知道你是怎样的一种人。"这句西谚确是经验之谈。《学记》论教育，一则曰"七年视论学取友"，再则曰："相观而善之谓摩"。从孔孟以来，中国士林向奉尊师敬友为立身治学的要道。这都是深有见于朋友的影响重大。师弟向不列于五伦，实包括于朋友一伦里面，师与友是不能分开的。

许叔重《说文解字》谓"同志为友"。就大体说，交友的原则是"同场相应，同气相求"。但是绝对相同在理论与事实都是不可能。"人心不同，各如其面"。这不同亦正有它的作用。朋友的乐趣在相同中容易见出；朋友的益处却往往在相异处才能得到。古人尝拿"如切如磋，如琢如磨"来譬喻朋友的交互影响。这譬喻实在是很恰当。玉石有瑕疵棱角，用一种器具来切磋琢磨它，它才能圆融光润，才能"成器"。人的性格也难免有瑕疵棱角，如私心、成见、骄矜、暴躁、愚昧、顽恶之类，要多受切磋琢磨，才能洗刷净尽，达到玉润珠圆的境界。朋友便是切磋琢磨的利器，与自己愈不同，摩擦愈多，切磋琢磨的影响也就愈大。这影响在学问思想方面最容易见出。一个人多和异己的朋友讨论，会逐渐发现自己的学说不圆满处，对方的学说有可取处，逼得不得不做进一层的思考，这样地对于学问才能鞭辟入里。在朋友互相切磋中，一方面被"磨"，一方面也在受滋养。一个人被"磨"的方面愈多，吸收外来的滋养也就愈丰富。孔子论益友，所以特重直谅多闻。一个不能有诤友的人永远是愚而好自用，在道德学问上都不会有很大的成就。

好朋友在我国语文里向来叫作"知心"或"知己"，"知交"也是一个习用的名词。这个语言的习惯颇含有深长的意味。从心理观点看，求见知于人是一种社会本能，有这本能，人与人才可以免除隔阂，打成一片，社会才能成立。它是社会生命所借以维持的，犹如食色本能是个人与种族生命所借以维持的，所以它与食色本能同样强烈。古人尝以一死报知己，钟子期死后，伯牙不复鼓琴。这种行为在一般人看似近于过激，其实是由于极强烈的社会本能在驱遣。其次，从伦理哲学观点看，知人是处人的基础，而知人却极不易，因为深刻的了解必基于深刻的同情。深刻的同情只在真挚的朋友中才常发现。对于一个人有深交，你才能真正知道他。了解与同情是互为因果的。你对于一个人愈同情，就愈能了解他；你愈了解他，也就愈同情他。法国人有一句成语："了解一切，就是宽容一切（tout comprendre, c'est tout pardonner）。"这句话说来像很容易，却是人生的最高智慧，需要极伟大的胸襟才能做到。古今有这种胸襟的只有几个大宗教家，像释迦牟尼和耶稣，有这种胸襟才能谈到大慈大悲；没有它，任何宗教都没有灵魂。修养这种胸怀的捷径是多与人做真正的好朋友，多与人推心置腹，从对于一部分人得到深刻的了解，做到对于一般人类起深厚的同情。从这方面看，交友的范围宜稍宽泛，各种人都有最好，不必限于自己同行同趣味的。蒙田在他的论文里提出一个很奇怪的主张，以为一个人只能有一个真正的朋友，我对这主张很怀疑。

交友是一件寻常事，人人都有朋友；交友却也不是一件易事，很少人有真正的朋友。势利之交固容易破裂，就是道义之交也有时不免闹意气之争。王安石与司马光、苏轼、程颢诸人在政治和学术上的倾轧便是好例。他们个个都是好人，彼此互有相当的友谊，而结果闹成和市俗人一般的翻云覆雨。交友之难，从此可见。从前人谈交友的话说得很多。例如"朋友有信""久而敬之""君子之交淡如水"，视朋友须如自己，要急难相助，须知护友之短，像孔子不假盖于悭吝朋友；要劝善规过，但"不可则止，无自辱焉"。这些话都是说起来颇容易，做起来颇难。许多人都懂得这些道理，但是很少人真正会和人做朋友。

孔子尝劝人"无友不如己者"，这话使我很彷徨不安。你不如我，我不和你做朋友，要我和你做朋友，就要你胜似我，这样我才能得益。但是这算盘我会打你也就会打，如果你也这么说，你我之间不就没有做朋友的可能么？柏拉图写过一篇谈友谊的对话，另有一番奇妙议论。依他看，善人无须有朋友，恶人不能有朋友，善恶混杂的人才或许需要善人为友来消除他的恶，恶去了，友的需要也就随之消灭。这话显然与孔子的话有些抵牾。谁是谁非，我至今不能断定，但是我因此想到朋友之中，人我的比较是一个重要问题，而这问题又与善恶问题密切相关。我从前研究美学上的欣赏与创造问题，得到一个和常识不相同的结论，就是：欣赏与创造根本难分，每人所欣赏的世界就是每人所创造的世界，就是他自己的情趣和性格的返照；你在世界中能"取"多少，就看你在你的性灵中能提出多少"与"它，物与我之中有一种生命的交流，深人所见于物者深，浅人所见于物者浅。现在我思索这比较实际的交友问题，觉得它与欣赏艺术自然的道理颇可暗合默契。你自己是什么样的人，就会得到什么样的朋友。人类心灵常交感回流。你拿一分真心待人，人也就会拿一分真心待你，你所"取"如何，就看你所"与"如何。"爱人者人恒爱之，敬人者人恒敬之"。人不爱你敬你，就显得你自己有亏缺。你不必责人，先须返求诸己。不但在情感方面如此，在性格方面也都是如此。友必同心，所谓"同心"是指性灵同在一个水准上。如果你我在性灵上有高低，我高就须感化你，把你提高到同样水准；你高也是如此，否则友谊就难成立。朋友往往是测量自己的一种最精确的尺度，你自己如果不是一个好朋友，就决不能希望得到一个好朋友。要是好朋友，自己须先是一个好人。我很相信柏拉图的"恶人不能有朋友"的那一句话。恶人可以做好朋友时，他在他方面尽管是坏，在能为好朋友一点上就可证明他还有人性，还不是一个绝对的恶人。说来说去，"同声相应，同气相求"那句老话还是真的，何以交友的道理在此，如何交友的方法也在此。交友和一般行为一样，我们应该常牢记在心的是"责己宜严，责人宜宽"。

谈性爱问题

这问题的重要性是无可否认的。圣人说得好："饮食男女，人之大欲存焉。"许多人的活动和企图，仔细分析起来，多少都与这两种基本的生活要求有直接或间接的关系。整个的人类文化动态也大半围着这两个轴心旋转。单提男女关系来说，没有它，世间就要少去许多纠纷，文艺就要少去一个重要的母题，社会必是另样，历史也必是另样。但是许多人对这样重要的问题偏爱板面孔，不肯拿它来郑重地谈、郑重地想。以往少数哲学家如卢梭、康德、斯宾诺莎诸人对这问题所发表的议论，依叔本华看，都很肤浅。至于一般人的观念更不免为迷信、偏见和伪善所混乱。许多负教养之责的父母和师长对这问题简直有些畏惧，讳莫如深，仿佛以为男女关系生来是与淫秽相连的，青年人千万沾染不得，最好把他们蒙蔽住。其实你愈不使他们沾染而他们偏愈爱沾染；对这重要问题你想他们安于愚昧，他们就得偿付愚昧的代价。

从生物学的观点看，这问题本很简单。有生之伦执着最牢固的是生命，最强烈的本能是叔本华所说的生命意志。首先是个体生命。我们挣扎、迎求、竭力劳心，都无非是要个体生命在物质方面得到维持、发展、安全、舒适；在精神方面得到真善美诸价值所给的快慰。一切活动的最终目的都在"谋生"。但是个体生命是不能永久执着的，生的尽头都是死。长生不但是一个不能实现的理想，而且也不是一个好理想。你试想：从开天辟地到世界末日，假如老是一代人在活着，世界不就变成一池死水？一代过去了，就有另一代继着来，生生不息，不主故常。所以变化无端，生发无穷。这是造化的巧妙安排。懂得这巧妙，我们就明白种族不朽何以胜似个体长生，种族生命何以重于个体生命，种族生命意志何以强于个体生命意志。男女相悦，说来说去，只是种族生命意志的表现。种族生命意志就是一般人所谓"性欲"。"爱"是一个较好听的名词，凡是男女间的爱都不免带有性欲成分。你尽管相信你的爱是"纯洁的""心灵的""精神的"，骨子里都是无数亿万年遗传下来的那一点性的冲动在作祟，你要与你所爱的人配合，你要传种。你不敢承认这点，因为你的老祖宗除了遗传给你这一点性的冲动以外，还遗传给你一些相反的力量——关于性爱的"特怖"（taboo），你的脑筋里装满着性爱性交是淫秽的、可羞的、不道德的之类观念。其实，你须得知道：假如这一点性的冲动被阉割了，人道就会灭绝。人除着爱上帝以外，没有另一种心灵活动，比男人爱女人或女人爱男人那一点热忱，更值得叫作"神圣"，因为那是对于"不朽"的希求，是要把人人所宝贵的生命继续不断地绵延下去。

传种的要求驱遣着两性相爱，这是人与禽兽所共同的。但是有两个因素使性爱问题在人类社会中由简单变为很复杂。

第一个因素是社会的。社会所赖以维持的是伦理、宗教、法律和风俗习惯所酿成的礼法，"男女居室，人之大伦"，没有礼法更不足以维持。关于男女关系的礼法，大约起于下列两种。第一是防止争端。性欲是最强烈的本能，而性欲的对象虽有选择，却无限制。一个人可以有许多对象，而许多人也可以同有一个对象。男爱女或不爱，女爱男或不爱。假如一个人让自己的性欲做主，不受任何制裁，"争风"和"逼奸"之类事态就会把社会的秩序弄得天翻地覆。因此每个社会对于男女交接和婚姻都有一套成文和不成文的法典。例如一夫一妻，凭媒嫁娶，尊重贞操，惩处奸淫之类。其次是划清责任。恋爱的正常归宿是婚姻，婚姻的正常归宿是生儿养女，成立家庭。有了家庭就有家庭的责任。生活要维持，子女要教养。性的冲动是飘忽游离的，常要求新花样与新口胃，而家庭责任却需要夫妻固定拘守，"一与之齐，终身不改"。假如一个人随意杂交，随意生儿养女，欲望满足了，就丢开配偶儿女而别开生面，他所丢下来的责任给谁负担呢？在以家庭为中心的社会，这种不负责任的行为是不能不受裁制的。世界也有人梦想废除家庭的乌托邦，在那里面男女关系有绝对的自由，但这恐怕永远是梦想，男女配合的最终目的原来就在生养子女，不在快一时之意；家庭是种族蔓延所必需的暖室，为了快一时之意而忘了那快意行为的最终目的，破坏达到那目的的最适宜的路径，那是违反自然的铁律。

因为上述两种社会的力量，人类两性配合不能全凭性欲指使，取杂交方式。它一方面须满足自然需要，一方面也要满足社会需要。自然需要倾向于自由发泄，社会需要却倾向于防闲节制。这种防闲节制对于个体有时不免是痛苦，但就全局着想，有健康的社会生命才能保障个体生命与种族生命。性欲要求原来在绵延种族生命，到了它危害到种族生命所借以保障的社会生命时，它就失去了本来作用，于理是应受制止的。这道理本很浅显，许多人却没有认清，感到社会的防闲节制不方便，便骂"礼教吃人"。极端的个人主义常是极端的自私主义，这是一端。同时，我们自然也须承认社会的防闲节制的方式也有失去它的本来作用的时候。社会常在变迁，甲型社会的礼法不一定适用于乙型社会，一个社会已经由甲型变到乙型时，甲型的礼法往往本着习惯的惰性留存在乙型社会里，有如盲肠，不但无用，甚至发炎生病。原始社会所遗留下来的关于性的"特怖"，如"男女授受不亲""女子出门必拥蔽其面""望门守节"，孕妇产妇不洁净带来灾星之类，在现代已如盲肠，都很显然。

第二个使人类两性问题变复杂的因素是心理的。从个体方面看，异性的寻求、结合、生育都是消耗与牺牲，自私是人类天性，纯粹是消耗牺牲的事是很少有人肯干的。于此造化又有一个很巧妙的安排，使这消耗与牺牲的事带有极大的快感。人们追求异性，骨子里本为传种，而表面上却表现得为自己求欲望的满足。恋爱的人们，像叔本华所说的，常在"错觉"（illusion）里过活。当其为达目的时，仿佛世间没有比这更快意的事，到了种子播出去了，回思虽了无余味，而性欲的驱遣却不因此而灭杀其热力，还是源源涌现，挟着排山倒海的力量东奔西窜。它的遭遇有顺有逆，有常有变，纵横流转中与其他事物发生关系复杂微妙至不可想象，而身当其冲者的心理变迁也随之幻化无端。近代有几个著名学者如韦斯特·马克（West Maik）、埃利斯（H. Ellis）、弗洛伊德（Freud）诸人对性爱心理所发表的著作几至汗牛充栋。在这篇短文里，我们无法把许多光怪陆离的现象都描绘出来，只能略举数端，以示梗概。

男女相爱与审美意识有密切关系，这是尽人皆知的。我们在这里所指的倒不在男爱女美，女爱男美那一点，因为那很明显，无用申述。我们所指的是相爱相交那事情本身的艺术化。人为万物之灵，虽处处受自然需要驱遣，却时时要超过自然需要而做自由活动，较高尚的企图如文艺、宗教、哲学之类多起与此。举个浅例来说，盛水用壶是一种自然需要，可是人不以此为足，却费尽心机去求壶的美观。美观非实用所必需，却是心灵自由伸展所不可无。人在男女关系方面也是如此。男女间事，如果止于禽兽的阶层上，那是极平凡而粗浅的。只需看鸡犬，在交合的那一顷刻间它们服从性欲的驱遣，有如奴隶服从主子之恭顺，其不可逃免性有如命运之坚强，它们简直不是自己的主宰，一股冲动过来，就如悬崖纵马，一冲而下，毫不绕弯子，也毫不讲体面。人要把这件自然需要所逼迫的事弄得比较"体面"些，不那样脱皮露骨，于是有许多遮盖，有许多粉饰，有许多作态弄影，旁敲侧击，男女交际间的礼仪和技巧大半是粗俗事情的文雅化，做得太过分了，故不免带着许多虚伪与欺诈；做得恰到好处时，却可以娱目赏心。

实用需要壶盛水，审美意识进一步要求壶的美观，美观与实用在此仍并行不悖。再进一步，壶可以放弃它的实用而成为古董、纯粹的艺术品；如果拿它来盛水，就不免煞风景，男女的爱也有同样的演进。在动物阶层，它只是为生殖传种一个实用日的，继之它成为一种带有艺术性的活动，再进一步它就成为一种纯粹的艺术，徒供赏玩。爱于是与性欲在表面上分为两事，许多人只是"为爱而爱"，就只在爱的本身那一点快乐上流连体会，否认爱还有借肉体结合而传种那一个肮脏的作用。爱于是成为"柏拉图式的"、纯洁的、心灵的、神圣的，至于性欲活动则被视为肉体的、淫秽的、可羞的、尘俗的。这观念的形成始于耶稣教的重灵轻肉，终于十九世纪浪漫派文艺的"恋爱至上"观。这种灵爱与肉爱的分别引起好些人的自尊心，激励成好些思想、文艺和事业上的成就；同时，它也使好些人变成疯狂，养成好些不康健的心理习惯。说得好听一点，它起于性爱的净化或"升华"；说得不好听一点，它是替一件极尘俗的事情挂上了一个极高尚的幌子，"金玉其外，败絮其中"。

从这一点，我们可以看出人心怎样爱绕弯子，爱歪曲自然。近代变态心理学所供给的实例更多。它的起因，像弗洛伊德所说的，是自然与文化、性欲冲动与社会道德习俗的冲突。性欲冲动极力伸展，社会势力极力压抑。这冲突如果得不到正常的调整，性欲冲动就不免由意识域压抑到潜意识域，虽然是因禁在那黑狱里，却仍跃跃欲试，冀图破关脱狱。为着要逃避意识的检查，取种种化装。许多寻常行动，如做梦、说笑话、创作文艺、崇拜偶像、虐待弱小，以至于吮指头、露大腿之类，在变态心理学家看，都可以是性欲化装的表现。性欲是一种强大的力量，有如奔流，须有所倾泻，正常的方式是倾泻于异性对象；得不到正常对象倾泻时，它或是决堤而泛滥横流，酿成种种精神病征，或是改道旁驰，起升华作用而致力于宗教、文艺、学术或事功。因此，人类活动——无论是个体的或社会的——几乎没有一件不可以在有形无形之中与性爱发生心理上的关联。

这里所说的只是一个极粗浅的梗概，从这种粗浅的梗概中，我们已可以见出人类两性关系问题如何复杂。要得到一个健康的性道德观，我们需要近代科学所供给的关于性爱的各方面知识，一种性知识的启蒙运动。我们一不能如道德学家和清教徒一味抹杀人性，对于性的活动施以过分严厉的裁制，原始时代的"特怖"更没有保留的必要；二不能如浪漫派文艺作者满口讴歌"恋爱至上"，把一件寻常事情捧到九霄云外，使一般神经质、软弱的人们悬过高的希望，追攀不到，就陷于失望悲观；三不能如苏联共产党人把恋爱婚姻完全看成个人的私行，与社会国家无关，任它绝对自由，绝对放纵。依我个人的主张，男女间事是一件极家常极平凡的事，我们须以写实的态度和生物学的眼光去看它，不必把它看成神奇奥妙，也不必把它看成淫秽邪僻。我们每个人天生有传种的技能、义务与权利。我们寻求异性，是要尽每个人都应尽的责任。一对男女成立恋爱或婚姻的关系时，只要不妨害社会秩序的合理要求，我们就用不着大惊小怪。这句话中的插句极重要：社会不能没有裁制，而社会的裁制也必须合理。社会的合理裁制是指上文所说的防止争端和划清责任。争婚、逼婚、乱伦、患传染病结婚、结婚而放弃结婚的责任，这些便是法律所应禁止的。除了这几项以外，社会如果再多嘴多舌，说这样是伤风，那样是败俗，这样是淫秽，那样是奸邪，那就要在许多人的心理上起不必要的压抑作用，酿成精神的变态，并且也引起许多人阳奉阴违，面子上仁义道德，骨子里男盗女娼。在人生方面，正常的生活才是健康的生活，在男女关系方面，正常的路径是由恋爱而结婚，巾结婚而生儿养女，把前一代的责任移交给后一代，使种族"于万斯年"地绵延下去。传种以外，结婚者的个人幸福，也不应一笔勾销。结婚和成立家庭应该是一件快乐的事，人们就应该在里面希冀快乐，且努力产生快乐。到了夫妻实在不能相容而家庭无幸福可言时，在划清责任的条件之下离婚是道德与法律都应允许而且提倡的。

谈青年与恋爱结婚

在动物阶层，性爱不成问题，因为一切顺着自然倾向，不失时，不反常，所以也就合理。在原始人类社会，性爱不成为严重的问题，因为大体上还是顺自然倾向的，纵有社会裁制，习惯成了自然，大家也就相安无事。在近代开化的社会，性爱的问题变成很严重，因为自然倾向与社会裁制发生激烈的冲突，失时和反常的现象常发生，伦理的、宗教的、法律的、经济的、社会的关系愈复杂，纠纷愈多而解决愈困难。这困难成年人感觉到很迫切，青年人感觉到尤其迫切。性爱在青年期有一个极大的矛盾：一方面性欲在青年期由潜伏而旺盛，力量特别强烈；一方面种种理由使青年人不适宜于性生活的活动。

先说青年人不适宜于性爱的理由：

一、恋爱的正常归宿是结婚，结婚的正常归宿是生儿养女，成立家庭。青年处学习期，在事业上尚无成就，在经济上未能独立，负不起成立家庭教养子女的责任。恋爱固然可以不结婚，但是性的冲动培养到最紧张的程度而没有正常的发泄，那是违反自然，从医学和心理学观点看，对于身心都有很大的妨害。结婚固然也可以节制生育，但是寻常婚后生活中，子女的爱是夫妻中间一个重要的联系，培养起另一代人原是结婚男女的共同目标与共同兴趣，把这共同目标与共同兴趣用不自然的方法割去了，结婚男女的生活就很干枯，他们的情感也就逐渐冷淡。这对于种族和个人都没有裨益，失去了恋爱与婚姻的本来作用。

二、青年身体发展尚未完全成熟，早婚妨碍健康，尽人皆知；如果生儿养女，下一代人也必定比较羸弱，可以影响到民族的体力，我国以往在这方面吃的亏委实不小。还不仅此，据一般心理学家的观察，性格的成熟常晚于体格的成熟，青年在体格方面尽管已成年，在心理方面往往还很幼稚，男子尤其是如此。在二十余岁的光景，他们心中装满着稚气的幻想，没有多方的人生经验，认不清现实，情感游离浮动，理智和意志都很薄弱，性格极易变动，尤其是缺乏审慎周详的抉择力与判断力，今天做的事明天就会懊悔。假如他们钟情一个女子，马上就会陷入沉醉迷狂状态，把爱的实现看得比世间任何事都较重要；达不到目的，世界就显得黑暗，人生就显得无味，觉得非自杀不可；达到目的，结婚就成了"恋爱的坟墓"，从前的仙子就是现在的手镣脚铐。到了这步田地，他们不是牺牲自己的幸福，就是牺牲别人的幸福。许多有为青年的前途就这样毁去了，让体格性格都不成熟的青年人去试人生极大的冒险，那简直是一个极大的罪孽。

三、人生可分几个时期，每时期有每时期的正当使命与正当工作。青年期的正当使命是准备做人，正当工作是学习。在准备做人时，在学习时，无论是恋爱或结婚都是一种妨害。人生精力有限，在恋爱和结婚上面消耗了一些，余剩可用于学习的就不够。在大学期间结婚的学生成绩必不会顶好，在中学期间结婚的学生的前途决不会有很大的希望。自己还带乳臭，就腼颜准备做父母，还满口在谈幸福，社会上有这现象，就显得它有些病态。恋爱用不着反对，结婚更用不着反对，只是不能"用违其时"。禽兽性生活的优点就在不失时，一生中有一个正当的时期，一年中有一个正当的季节。在人类，正当的时期是壮年，老年人过时，青年人不及时，青年人恋爱结婚，与老年人恋爱结婚，是同样的反常可笑。

假如我们根据这几条理由，就绝对反对青年谈恋爱，是否可能呢？我自己也是过来人，略知此中甘苦，凭自己的经验和对旁人的观察，我可以大胆地说：在三十岁以前，一个人假如不受爱情的搅扰，对男女间事不发生很大的兴趣，专心致志地去做他的学问，那是再好没有的事，他可以多得些成就，少得些苦恼。我还可以说，像这样天真烂漫地过去青春的人，世间也并非绝对没有，而且如果我们认定三十岁左右为正当的结婚年龄，从生物学观点看，这种人也不能算是不自然或不近人情。不过我们也须得承认,在近代社会中，这种浑厚的青年人确实很少，少的原因是在近代生活对于性爱有许多不健康的暗示与刺激，以及教育方面的欠缺。家庭和学校对男女间事绝对不准谈，仿佛这中间事极神秘或是极不体面，有不可告人处。只这印象对儿童们影响就很坏。他们好奇心特别强，你愈想瞒，他们就愈想知道。他们或是从大人方面窥出一些偷偷摸摸的事，或是从一块儿游戏的顽童听到一些淫秽的话。不久他们的性的冲动逐渐发达了，这些不良的种子就在他们心中发芽生枝，好奇心以外又加上模仿本能的活动。他们开始看容易刺激性欲的小说或电影，注意窥探性生活的秘密，甚至想自己也跳到那热闹舞台上去表演。他们年纪轻，正当的对象自无法可得，于是演出种种"性的反常"现象，如同性爱、自性爱、手淫之类。如果他们生在都市里，年纪比较大一点，说不定还和不正当的女人来往。如果他们进了大学，读过一些讴歌恋爱的诗文，看过一些甜情蜜意的榜样，就会觉得恋爱是大学生活中应有的一幕，自己少不得也要凑趣应景，否则即是一个缺陷，一宗耻辱。我们可以说，现在一般青年从幼稚园到大学，沿途所受的性生活的影响都是不健康的，无怪他们向不健康的路径走。

自命为"有心人"的看到这种景象，或是嗟叹世风不古，或是诅咒近代教育，想拿古老的教条来钳制近代青年的活动。世风不古是事实，无用嗟叹，在任何时代，世风都不会"古"的。世界既已演变到现在这个阶段，要想回到男女授受不亲那种状态，未免是痴人说梦。我个人的主张是要把科学知识尽量地应用到性爱问题上面来，使一般人一方面明白它在生物学、生理学和心理学上的意义，一方面也认清它所连带的社会、政治、经济各方面的责任。这问题，像一切其他人生问题一样，可以用冷静的头脑去思索，不必把它摆在一种带有宗教性的神秘氛围里。神秘本身就是一种诱惑，暗中摸索都难免跌跤。

就大体说，我赞成用很自然的方法引导青年撇开恋爱和结婚的路。所谓自然的方法有两种。第一是精力有所发挥，精神有所委托。一个人心无二用，却也不能没有所用。青年人精力最弥满，要他闲着无所用，就难免泛滥横流。假如他在工作里发生兴趣，在文艺里发生兴趣，甚至在游戏运动里发生兴趣，这就可以垄断他的心神，不叫它旁迁他涉。我知道很多青年因为心有所用，很自然地没有走上恋爱的路。第二是改善社交生活，使同情心得到滋养。青年人最需要的是同情，最怕的是寂寞，愈寂寞就愈感觉异性需要的迫切。一般青年追求异性，与其说是迫于性的冲动，毋宁说是迫于同情的需要。要满足这需要，社交生活如果丰富也就够了。一个青年如果有亲热的家庭生活，加上温暖的团体生活，不感觉到孤寂，他虽然还有"遇"恋爱的可能，却无"谋"恋爱的必要。

这番话并非反对男女青年的正常交接，反之，我认为男女社交公开是改善社交生活的一端。愈隔绝，神秘观念愈深，把男女关系看成神秘，从任何观点看，都是要不得的。我虽然赞成叔本华的"男女的爱都是性爱"的看法，却不敢同意王尔德的"男女间只有爱情而无友谊"的看法。因为友谊有深有浅，友谊没有深到变为爱情的程度是常见的。据我个人的观察，青年施受同情的需要虽很强烈，而把同情专注在某一个对象上并不是一个很自然的现象。无论在同性中或异性中，一个人很可能的同时有几个好友。交谊愈广泛，发生恋爱的可能性也就愈少。一个青年最危险的遭遇莫过于向来没有和一个女子有较深的接触，一碰见第一个女子就爱上了她。许多在男女社交方面没有经验的青年却往往是如此，而许多悲剧也就如此酿成。

在男女社交公开中，"遇"恋爱自然很可能，但是危险性比较小，双方对于异性都有较清楚的认识。既然"遇"上了恋爱，一个人最好认清这是一件极自然极平凡而亦极严重的事。他不应视为儿戏，却也不应沉醉在诗人的幻想里，他应该用最写实的态度去应付它。如果"恋爱至上"，他也要从生物学观点把它看成"至上"，与爱神无关，与超验哲学更无关。他就要准备做正常的归宿——结婚，生儿养女和担负家庭的责任。

柏拉图到晚年计划第二"理想国"，写成一本书叫作《法律》，里面有一段话颇有意思，现在译来做本文的结束：

我们的公民不应比鸟类和许多其他动物都不如，它们一生育就是一大群，不到生殖的年龄却不结婚，维持着贞洁。但是到了适当的时候，雌雄就配合起来，相欢相爱，终身过着圣洁和天真的生活，牢守着它们的原来的合同——真的，我们应该向他们（公民们）说，你们须比禽兽高明些。

谈休息

在世界各民族中，我们中国人要算是最能刻苦耐劳的。第一是农人。他们日出而作，日入而息，不分阴晴冷暖，总是硬着头皮，流着血汗，忙个不休。一年之中，他们最多只能在过年过节时歇上三五天，你如果住在乡下，常看他们在炎天烈日下车水拔草，挑重担推重车上高坡，或是拉牵绳拖重载船上急滩，你对他们会起敬心也会起怜悯心，觉得他们虽是人，却在做牛马的工作，过牛马的生活。读书人比较算是有闲阶级，但在未飞黄腾达以前，也要经过一番艰苦的奋斗。从前私塾学生从天亮到半夜，都有规定的课程，休息对于他们是一个稀奇的名词。小学生们只有在先生打瞌睡时偷耍一阵，万一先生不打瞌睡，就只有找借口逃学。从前读书人误会·"自强不息"的意思，以为"不息"就是不要休息。十年不下楼、十年不窥园、囊萤刺股、发愤忘食之类的故事在读书人中传为美谈，奉为模范。近代学校教育比从前私塾教育似乎也并不轻松多少。从小学以至大学，功课都太繁重，每日除上六七小时课外还要看课本做练习。世界各国学校上课钟点之多，假期之短少，似没有比得上我们的。

这种刻苦耐劳的精神原可佩服，但是对于身心两方的修养却是极大的危害。最刻苦耐劳的是我们中国人，体格最羸弱而工作最不讲效率的也是我们中国人。这中间似不无密切关系。我们对于休息的重要性太缺乏彻底的认识了。它看来虽似小问题，却为全民族的生命力所关，不能不提出一谈。

　　自然界事物都有一个节奏。脉搏一起一伏，呼吸一进一出，筋肉一张一弛，以至日夜的更替，寒暑的来往，都有一个劳动和休息的道理在内。草木和虫豸在冬天要枯要眠，土壤耕种了几年之后须休息，连机器输电灯线也不能昼夜不息地工作。世间没有一件事物能在一个状态维持到久远的，生命就是变化，而变化都有一起一伏的节奏。跳高者为着要跳得高，先蹲着很低；演戏者为着造成一个紧张的局面，先来一个轻描淡写；用兵者守如处女，才能出如脱兔；唱歌者为着要拖长一个高音，先须深深地吸一口气。事例是不胜枚举的。世间固然有些事可以违拗自然去勉强，但是勉强也有它的限度。人的力量，无论是属于身或属于心的，到用过了限度时，必定是由疲劳而衰竭，由衰竭而毁火。譬如弓弦，老是尽量地拉满不放松，结果必定是裂断。我们中国人的生活常像满引的弓弦，只图张的速效，不顾弛的蓄力，所以常在身心俱惫的状态中。这是政教当局所必须设法改善的。

　　一般人以为多延长工作的时间就可以多收些效果，比如说，一天能走一百里路，多走一天，就可以多走一百里路，如此天天走着不歇，无论走得多久，都可以维持一百里的速度。凡是走过长路的人都知道这算盘打得不很精确，走久了不歇，必定愈走愈慢，以至完全走不动。我们走路的秘诀，"不怕慢，只怕站"，实在只有片面的真理。永远站着固然不行，永远不站也不一定能走得远，不站就须得慢，慢有时延误事机；而偶尔站站却不至于慢，站后再走是加速度的唯一办法。我们中国人做事的通病就在怕站而不怕慢，慢条斯理地不死不活地望着捱，说不做而做着并没有歇，说做却并没有做出什么名色来。许多事就这样因循耽误了。我们只讲工作而不讲效率，在现代社会中，不讲效率，就要落后。西方各国都把效率看成一个迫切的问题，心理学家对这问题做了无数的实验，所得的结论是，以同样时间去做同样工作，有休息的比没有休息的效率大得多。比如说，一长页的算学加法习题，继续不断地去做要费两点钟，如果先做五十分钟，继以二十分钟的休息，再做五十分钟，也还可以做完，时间上无损失而错误却较少。西方新式工厂大半都已应用这个原则去调节工作和休息的时间，结果工人的工作时间虽然少了，雇主的出品质量反而增加了。一般人以为休息是浪费时间，其实不休息的工作才真是浪费时间。此外还有精力的损耗更不经济。拿中国人与西方人相比，可工作的年龄至少有二十年的差别。我们到五六十岁就衰老无能为力，他们那时还正年富力强，事业刚开始，这分别有多大！

休息不仅为工作蓄力，而且有时工作必须在休息中酝酿成熟。法国大数学家潘嘉赉研究数学上的难题，苦思不得其解，后来跑到街上闲逛，原来费尽气力不能解决的难题却于无意中就轻轻易易地解决了。据心理学家的解释，有意识作用的工作须得退到潜意识中酝酿一阵，才得着土生根。通常我们在放下一件工作之后，表面上似在休息，而实际上潜意识中那件工作还在进行。詹姆斯有"夏天学溜冰，冬天学泅水"的比喻。溜冰本来是前冬练习的，今夏无冰可溜，自然就想不到溜冰，算是在休息，但是溜冰的肌肉技巧却恰在此时凝固起来。泅水也是如此，一切学习都如此。比如我们学写字，用功甚勤，进步总是显得很慢，有时甚至越写越坏。但是如果停下一些时候再写，就猛然觉得字有进步。进步之后又停顿，停顿之后又进步，如此辗转多次，字才易写得好。习字需要停顿，也是因为要有时间让筋肉技巧在潜意识中酝酿凝固。习字如此，习其他技术也是如此。休息的工夫并不是白费的，它的成就往往比工作的成就更重要。

《佛说四十二章经》里有一段故事，戒人为学不宜操之过急，说得很好：

> 沙门夜诵迦叶佛教遗经，其声悲紧，思悔欲退。佛问之曰："汝昔在家，曾为何业？"对曰："爱弹琴。"佛言："弦缓如何？"对曰："不鸣矣。""弦急如何？"刘曰："声绝矣。""急缓得中如何？"对曰："诸音普矣。"佛曰："沙门学道亦然。心若调适，道可得矣。于道若暴，暴即身疲；其身若疲，意即生恼；意若生恼，行即退矣。"

我国先儒如程朱诸子教人为学，亦常力戒急迫，主张"优游涵泳"。这四个字含有妙理，它所指的功夫是猛火煎后的慢火煨，紧张工作后的潜意识的酝酿。要"优游涵泳"，非有充分休息不可。大抵治学和治事，第一件要事是清明在躬，从容而灵活，常做得自家的主宰，提得起也放得下。急迫躁进最易误事。我有时写字或作文，在意兴不佳或微感倦怠时，手不应心，心里愈想好，而写出来的愈坏，在此时仍不肯丢下，带着几分气愤的念头勉强写下去，写成要不得就扯去，扯去重写仍是要不得，于是愈写愈烦躁，愈烦躁也就写得愈不像样。假如在发现神思不旺时立即丢开，在乡下散步，吸一口新鲜空气，看看蓝天绿水，陡然间心旷神怡，回头来再伏案做事，便觉精神百倍，本来做得很艰苦而不能成功的事，现在做起来却有手挥目送之乐，轻轻易易就做成了。不但作文写字如此，要想任何事做得好，做时必须精神饱满，工作成为乐事。一有倦怠或烦躁的意思，最好就把它搁下休息一会儿，让精神恢复后再来。

人须有生趣才能有生机。生趣是在生活中所领略得的快乐，生机是生活发扬所需要的力量。诸葛武侯所谓"宁静以致远"就包含生趣和生机两个要素在内，宁静才能有丰富的生趣和生机，而没有充分休息做"优游涵泳"的功夫的人们决难宁静。世间有许多过于辛苦的人，满身是尘劳，满腔是杂念，时时刻刻都为环境的需要所驱遣，如机械一般流转不息，自己做不得自己的主宰，呆板枯燥，没有一点人生之趣。这种人是环境压迫的牺牲者，没有力量抬起头来驾驭环境或征服环境，在事业和学问上都难有真正的大成就。我认识许多穷苦的农人，孜孜不辍的老学究和一天在办公室坐八小时的公务员，都令我起这种感想。假如一个国家里都充满着这种人，我们很难想象出一个光明世界来。

基督教的《圣经》叙述上帝创造世界的经过，于每段工作完成之后都赘上一段说："上帝看看他所做的事，看，每一件都很好！"到了第七天，上帝把他的工作都完成了，就停下来休息，并且加福于这第七天，因为在这一天他能够休息。这段简单的文字很可耐人寻味。我们不但需要时间工作，尤其需要时间对于我们所做的事回头看一看，看出它很好；并且工作完成了，我们需要一天休息来恢复疲劳的精神，领略成功的快慰。这一天休息的日子是值得"加福的""神圣化的"（《圣经》里所用的字是blessed and sanctified）。在现代紧张的生活中，我们"车如流水马如龙"地向前直滚，曾不留下一点时光做一番静观和回味，以至华严世相都在特别快车的窗子里滑了过去，而我们也只是轮回戏盘中的木人木马，有上帝的榜样在那里而我们不去学，岂不是浪费生命！

我生平最爱陶渊明在自祭文里所说的两句话："勤靡余劳，心有常闲。"上句是尼采所说的狄俄倪索斯的精神，下句则是阿波罗的精神。动中有静，常保存自我主宰，这是修养的极境，人事算尽了，而神仙福分也就在尽人事中享着。现代人的毛病是"勤有余劳，心无偶闲"。这毛病不仅使生活索然寡味，身心俱惫，于事劳而无功，而且使人心地驳杂，缺乏冲和弘毅的气象，日日困于名缰利锁，叫整个世界日趋于干枯黑暗。但丁描写魔鬼在地狱中受酷刑，常特别着重"不停留"或"无间断"的字样。"不停留""无间断"自身就是一种惩罚，甘受这种惩罚的人们是甘愿人间成为地狱。上帝的子孙们，让我们跟着他的榜样，加福于我们工作之后休息的时光啊！

谈消遣

身和心的活动都有有节奏的周期，这周期的长短随个人的体质和物质环境而有差异。在周期的限度之内，工作有它的效果，也有它的快慰。过了周期限度，工作就必产生疲劳，不但没有效果，而且成为痛苦。到了疲劳，就必定有休息，才能恢复工作的效果。这道理极浅，无用深谈。休息的方式甚多，最理想的亦最普遍的是睡眠。在睡眠中生理的功能可以循极自然的节奏进行，各种肌肉仍在活动，却不需要紧张的注意力，也没有工作情境需要所加的压迫，它的动作是自由的、自然的、不费力的、倾向弛懈的。一个人如果每天在工作疲劳之后能得到充分的时间熟睡，比任何养生家的秘诀都灵验。午睡尤其有效。午睡醒了，午后又变成清晨，一日之中就有了两度的朝气。西方有些小学里，时间表内有午睡的规定，那是很合理的。我国的理学家和各宗教家于睡眠之外练习静坐。静坐可以使心境空灵，生理功能得到人为的调节，功用有时比睡眠更大。但是初习静坐需要注意力的控制，有几分不自然，不易成为恒久的习惯，而且在近代生活状况之下，静坐的条件不易具备，所以它不能很普遍。

124

睡眠与静坐都不能算是完全的休息，因为许多生理的功能照旧在进行。严格地说，生物在未死以前决不能有完全的休息。有生气就必有活动，"活"与"动"是不可分的。劳而不息固然是苦，息而不劳尤其是苦。生机需要休养，也需要发泄。生机旺而不泄，像春天的草木萌芽被砖石压着，或是把压力推开，冲吐出来，或是变成拳曲黄瘦，失去自然的形态。心理学家已经很明白地指示出来：许多心理的毛病都起于生机不得正当的发泄。从一般的生活看，精力的发泄往往同时就是精力的蓄养。人当少壮时期，精力最弥满，需要发泄也就愈强烈，愈发泄，精力也就愈充足。一个生气蓬勃的人必定有多方的兴趣，在每方面的活动都比常人活跃，一个人到了可以索然枯坐而不感觉不安时，他必定是一个行将就木的病夫或老者。如果他们在健康状态中，需要活动而不得活动，他必然感到愁苦抑郁。人生最苦的事是疾病幽囚，因为在疾病幽囚中，他或是失去了精力，或是失去了发泄精力的自由。

精力的发泄有两种途径：一是正当工作，一是普通所谓消遣，包含各种游戏运动和娱乐在内。我们不能用全副精力去工作，因为同样的注意方向和同样的肌肉动作维持到相当的限度，必定产生疲劳，如上所述。人的身心构造是依据分工合作原理的。对于各种工作我们都有相当的一套机器、一种才能和一副精力。比如说，要看有眼，要听有耳，要走有脚，要思想有头脑。我们运用眼的时候，耳可以休息，运用脑的时候，脚可以休息。所以在专用眼之后改着去用耳，或是在专用脑之后改着去用脚，我们虽然仍旧在活动，所用以活动的只是耳或脚，眼或脑就可以得到休息了。这种让一部分精力休息而另一部分精力活动的办法在西文中叫作 diversion，可惜在中文里没有恰当的译名。这也足见我们没有注意到它的重要。它的意义是"转向"，工作方面的"换口味"，精力的侧出旁击。我们已经说过，生物不能有完全的休息，普通所谓休息，除睡眠以外，大半是diversion，这种"换口味"的办法对于停止的活动是精力的蓄养，对于正在进行的另一活动是精力的发泄。它好比打仗，一部分兵力上前线，另一部分兵力留在后面预备补充。全体的兵力都上了前线，难乎为继；全体的兵力都在后方按兵不动，过久也会疲老无用，仗自然更打不起来。更番瓜代仍是精力的最经济最合理的支配，无论是在军事方面或是在普通生活方面。

更番瓜代有种种方式。普通人用脑的机会比较多，最好常在用脑之后做一番筋肉活动，如散步、打球、栽花、做手工之类，一方面可以使脑得到休息而消除疲劳，一方面也可以破除同一工作的单调，不致发生厌闷。卢梭谈教育，主张学生多习手工，这不但因为手工有它的特殊的教育功效，也因为用手对于用脑是一种调节。大哲学家斯宾诺莎于研究哲学之外，操磨镜的职业，这固然是为着生活，实在也很合理，因为两种性质相差很远的工作互相更换，互为上文所说的diversion，对于心身都有好影响。就生活理想说，劳心与劳力应该具备于一身，劳力的人绝对不劳心固然变成机械，动心的人绝对不劳力也难免文弱干枯。现在劳心与劳力成为两种相对峙的阶级，这固然是历史与社会环境所造成的事实，但是我们应该不要忘记它并不甚合理。在可能范围之内，我们应该求心与力的活动能调节适中。我个人很羡慕中世纪欧洲僧院的生活，他们一方面诵经、钞书、画画，而且做很精深的哲学研究，一方面种地、砍柴、酿酒、织布。我尝想到我们的学校在这个经济凋敝之际为什么不想一个自给自足的办法，有系统有计划地采行半工半读制？这不仅是从经济着眼，就是从教育着眼，这也是一种当务之急。大部分学生来自田间，将来纵不全数回到田间，也要走进工厂或公务机关。如果在学校里只养成少爷小姐的心习，全不懂民生疾苦，他们决难担负现时代的艰巨责任。当然，本文所说的劳心与劳力的调剂也是一个重要的理由。

不同性质的工作更番瓜代，固可以收到调剂和休息的效用，可是一个人不能时时刻刻都在工作，事实也没有这种需要，而且劳苦过度，工作也变成一种苦事，不能有很大的效率。我们有时需完全放弃工作，做一点无所为而为的活动，享受一点自由人的幸福。工作都有所为而为，带有实用目的；无所为而为，不带实用目的活动，都可以算作消遣。我们说"消遣"，意谓"混去时光"，含义实在不很好；西方人说"转向"（diversion），意谓"把精力朝另一方面去用"，它和工作同称为 occupation，比较可以见出消遣的用处。所谓 occupation 无恰当中文译词，似包含"占领"和"寄托"二义。在工作和消遣时，都有一件事物"占领"着我们的身心，而我们的身心也就"寄托"在那一件事物里面。身心寄托在哪里，精力也就发泄在哪里。拉丁文有一句成语说："自然厌恶空虚。"这句话近代科学仍奉为至理名言。在物理方面，真空固不易维持，一有空隙，就有物来占领；在心理方面，真空虽是一部分宗教家（如禅宗）的理想，在实际上也是反乎自然而为自然所厌恶。我们都不愿意生活中有空隙，都愿常有事物"占领"着身心，没有事做时须找事做，不愿做事时也不甘心闲着，必须找一点玩意儿来消遣，否则便觉得厌闷苦恼。闲惯了，闷惯了，人就变干枯无生气。

消遣就是娱乐，无可消遣当然就是苦闷。世间欢喜消遣的人，无论他们的嗜好如何不同，都有一个共同点，就是他们必都有强旺的生活力，运动家和艺术家如此，嫖客赌徒乃至于烟鬼也是如此。他们的生活力强旺，发泄的需要也就跟着急迫。他们所不同者只在发泄的方式。这有如大水，可以灌田、发电或推动机器，也可以泛滥横流，淹毙人畜草木。同是强旺的生活力，用在运动可以健身，用在艺术可以怡情养性，用在吃喝嫖赌就可以劳民伤财，为非作歹。"浪子回头金不换"，也就是这个道理。所以消遣看来虽似末节，却与民族性格国家风纪都有密切关系。一个民族兴盛时有一种消遣方式，颓废时又有另一种消遣方式。古希腊罗马在强盛时，人民都喜欢运动、看戏、参加集会，到颓废时才有些骄奢淫逸的玩意儿如玩娈童、看人兽斗之类。近代条顿民族多喜欢户外运动，而拉丁民族则多消磨时光于咖啡馆或跳舞厅。我国古代民族娱乐花样本极多，如音乐、跳舞、驰马、试剑、打猎、钓鱼、斗鸡、走狗等都含有艺术意味或运动意味。后来士大夫阶级偏嗜琴棋书画，虽仍高雅，已微嫌侧重艺术，带有几分"颓废"色彩。近来"民族形式"的消遣似只有打麻将、坐茶馆、吃馆子、逛窑子几种。对于这些玩意儿不感兴趣的人们除着做苦工之外，就只有索然枯坐，不能在生活中领略到一点乐趣。我经过几个大学和中学，看见大部分教员和学生终年没有一点消遣，大家都喊着苦闷，可是大家都不肯出点力把生活略加改善，提倡一些高级趣味的娱乐来排遣闲散时光。从消遣一点看，我们可以窥见民族生命力的降低。这是一个很危险的现象。它的原因在一般人不明了消遣的功用，把它太看轻了。

其实这事并不能看轻。柏拉图计划"理想国"的政治，主张消遣娱乐都由国法规定。儒家标六艺之教，其中礼、乐、射、御四项都带有消遣娱乐意味，只书、数两项才是工作。孔子谈修养，"居于仁"之后即继以"游于艺"，这足见中西哲人都把消遣娱乐看得很重，梁任公先生有一文讲演消遣，可惜原文不在手边，记得大意是反对消遣浪费时光。他大概有见于近来我国一般消遣方式趣味太低级。但我们不能因噎废食。精力必须发泄，不发泄于有益身心的运动和艺术，便须发泄于有害身心的打牌、抽烟、喝酒、逛窑子。我们要禁绝有害身心的消遣方式，必须先提倡有益于身心的消遣方式。比如水势须决堤泛滥，你不愿它决诸东方，就必须让它决诸西方，这是有心政治与教育的人们所应趁早注意设法的。要复兴民族，固然有许多大事要做，可是改善民众消遣娱乐，也未见得就是小事。

谈体育

理想的教育应以发展全人为鹄的。全人包括身心两方面，修养也应同时顾到这两方面。心的修养包含智育、德育、美育三个方面，相当于知、情、意三种心理机能。身的修养即所谓体育。近来我们的教育对于心的修养多偏重智育，德育与美育多被忽视。这种畸形的发展酿成一般人的道德堕落与趣味低下，已为共见周知的事实。至于体育更是落后。学校虽设有体育这门功课，大半是奉行公事，体育教员一向被轻视，学生不注意体育可不致影响升级和毕业，学校在体育设备上花的费用在整个预算上往往不及百分之一。如果你把身心的重要看作平等，把心的方面知、情、意三种机能的重要也看作平等，再把目前教育状况衡量一下，就可以想到我们的教育不完善到了什么一个程度。德育和美育至少在理论上还有人在提倡，体育则久已降于不议不论之列了。体育所以落到这种无足轻重的地位，大半因为一般人根本误认体肤没有心灵那么高贵，一部分宗教家和哲学家甚至把体肤看成心灵的迷障，要修养心灵须先鄙弃体肤的需要。我们崇拜甘地，仿佛以为甘地成就他的特殊精神，就与他的身体瘦弱有关，身体不瘦弱，就不能成圣证道。这种错误的观念不破除，我们根本不能谈体育。

生命是有机的，身与心虽可分别却不可割裂；没有身就没有心，身体不健全，心灵就不会健全。这道理可以分几点来说。

第一，身体不健全，聪明智慧不能发展最高度的效能。我们中国民族的聪明智慧并不让西方人，但是在学问事业方面的造就，我们常常赶不上他们。原因固然很多，身体羸弱是最重要的一种。普通欧美人士说："生命从四十岁开始。"他们到了五六十岁时，还是血气方刚，还有二三十年可以在学问事业方面努力。但是普通中国人到了四十岁以后，精力就逐渐衰惫，在西方人正是奋发有为的时候，我们已宣告体力的破产，做告老退休的打算。在普通西方人，头三四十年只是训练和准备的时期，后三四十年才可以谈到成就与收获；在我们中国人，刚过了训练和准备的时期，可用的精力就已耗竭，犹如果子未成熟就萎落，如何能谈到成就与收获呢？无论是读书、写字、作文章、演说、打仗或是办事，必须精力弥满，才可以好。尤其是做比较重大的工作，我们需要持久的努力，要能挣扎到底，维持最后五分钟的奋斗。我们做事，往往开头很起劲，以后越做越觉得精力不济，那最后五分钟最难挨过，以致功亏一篑。这就由于身体羸弱，生活力不够。

其次，身体羸弱可以影响到性情和人生观。我常分析自己，每逢性情暴躁，容易为小事动气时，身体方面总有些毛病，如头痛、牙痛、胃痛之类；每逢心境颓唐、悲观厌世时，大半精疲力竭，所能供给的精力不够应付事物的要求，这在生病或失眠时最易发生。在睡了一夜好觉之后，清晨爬起来，觉得自己生气蓬勃，心里就特别畅快，对人也就特别和善。我仔细观察我所常接触的人，发现体格与心境的密切关系是很普遍的。我没有看见一个真正康健的人不和善，处世不乐观；也没有看见一个愁眉苦脸的人在身体方面没有丝毫缺陷。我们中国青年中许多人都悲观厌世，暮气沉沉，我敢说这大半是身体不健康的结果。

第三，德行的亏缺大半也可归原到身体的羸弱。西谚说："健全精神宿于健全身体。"这句话的意味实在深长。我常分析中国社会的病根，觉得它可以归原到一个字——懒。懒，所以萎靡因循，遇应该做的事拿不出一点勇气去做；懒，所以马虎苟且，遇不应该做的事拿不出一点勇气去决定不做；懒，于是对一切事情朝抵抗力最低的路径走，遇事偷安取巧，逐渐走到人格的堕落。懒的原因在哪里呢？懒就是物理学上的惰性，由于动力的缺乏，换言之，由于体力的虚弱。比如机器要产生动力，必须开足马达，要开足马达，必须电力强大。身体好比马达，生活力就是电力，而努力所需要的坚强意志就是动力。生活力不旺——这就是说，体力薄弱——身体那一个马达就开不动，努力所需要的动力就无从产生。所以精神的破产毕竟起于身体的破产。

生命是一种无底止的奋斗。一个士兵作战，一个学者研究学问，或是一个普通公民勇于尽自己的职责，向一切恶的引诱说一个坚决的"不！"字，向一切应做的事说一个坚决的"干！"字，都需要一番斗争的精神，一股蓬勃的生活力。我们多数民众所最缺乏的就是这奋斗所必需的生活力，尤其在这个时代，我们必须彻底认识这种缺乏的严重性，极力来弥补它。我们慢些谈学问，慢些谈道德，慢些谈任何事功，第一件要事先把身体这个机器弄得坚强结实。

要补救我们民族的体格羸弱，必先推求羸弱的病因，然后对症下药。一般人都知道一些健身的方法和道理，例如营养适宜、衣食住清洁、生活有规律、运动休息得时之类。我们中国人体格羸弱，大半由于对于这些健康的基本条件没有十分注意，这是谁都会承认的。但是我以为这些条件固然重要，却都是后天的培养，最重要的还是先天的基础。比如动植物的繁殖，在同样的后天环境之下，种子好的比种子差的较易于发育苗壮。哈巴狗总不能长成狮子狗，任凭你怎样去饲养。我知道许多人一辈子注意卫生，一辈子仍不是很强壮，就吃亏在先天不足；我也知道许多人一辈子不知道什么叫作卫生，可是身体依然是坚实，他们生来就有一副铜筋铁骨。因此，我想到在体格方面，先天的基础好，比任何谨慎的后天的培养都要强；我们要想改变民族的体质，第一步要务是彻底地研究优生。在身体方面的优生，有三个要点必须注意。一、男女配合必须在发育完成之后，早婚必须绝对禁止。二、选择配偶的标准必须把身体强健放在第一位。我们应特别奖励强壮的男子配强壮的女子。以往男择女要林黛玉那样弱不禁风，工愁善病；女择男要潘安那样白面书生，风度儒雅。这种传统的思想必须打破。三、妇女在妊孕期内必须有机合理地调养，在生产后至少在三年之内须节制妊孕。先天的基础，母亲要奠立一大半，母亲的健康比父亲的更为重要。现在一般母亲在妊孕期劳作过度，营养不充分，而妊孕期的周率又太频繁，一年生产一次几是常事。这一点影响民族体格的健康比其他一切因素都较严重。以上三点体格优生要义我们必须灌注到每一个公民的头脑里去，在必要时，我们最好能用政府的力量帮助人民去切实施行。

至于后天的培养用不着多说，一般人都知道一些卫生常识。第一是营养必须适宜。目前物价昂贵，一般青年们正当发育的年龄，不能得到最低限度的营养，以致危害到健康。这是一个很严重的现象，政教当局必须彻底认识，急图补救。其次是生活必须有规律，起居饮食，劳作休息，都须有一定的时候、一定的分量、一定的节奏。在这一点，我们中国人的习惯很差。迟睡晚起，打牌可以打连宵，平时饮食不够营养的标准，进馆子就得把肚皮胀破，劳作者整天不得休息，游手好闲者整天不做工作，如此等类的毛病都是酿成民族羸弱的因素。单就青年说，目前各学校的功课都太繁重，营养所产生的力量过少，功课担负所要求的力量过多，供不应求，逼成虚耗。这也是一个很严重的现象。要教育合理化，各级学校的课程必须尽量裁汰。第三是心境要宽和冲淡，少动气，少存杂念。我国古代养生家素来特重这一点，所以说："养生莫善于寡欲。"我们近代人对此点似多认为陈腐，其实这很可惜。近代社会复杂，刺激特多，愈近于文明愈远于自然，处处都是扰乱心智的事物，就是处处逼我们打消耗战。我们必须淡泊宁静，以逸待劳。这不但可以养生，也可以使学问事业得到较大的成就。

如果做到上面几点，我相信一个人不会不康健。康健的生活是正常的自然的。健康的最大秘诀就在使生活是正常的自然的。近代人谈体育，多专指运动，其实专就健康而言，运动是体育的下乘节目。运动的要义在使血液流通，筋肉平均发展，脑筋与筋肉互换劳息。这三点在普通劳作方面也可以办到。自然人都很健康，除渔猎耕作及舞蹈以外，别无所谓运动。而身体却大半很强健。不过运动确也有不能用普通劳作代替的地方。第一，它是比较的科学化，顾到全身筋肉脉络的有系统的调摄和锻炼。在近代社会中分工细密，许多人只用一部分筋肉去劳作。有系统的运动实为必要。第二，运动带有团体娱乐的意味，是群育的最好工具。在中国古代，射以观德；近代西方人也说运动可以养成"公平游艺"（fair play），一个公平正直的人有"运动家的风度"（sportsmanship）。要训练合作互助、尊重纪律的精神，最好的场所是运动场。威灵顿说："滑铁卢的胜仗，是在义敦和哈罗两校运动场上打来的。"就是因为这个道理。从这两点说，我们急需提倡运动。不过以往饲养选手替学校争门面的办法必须废除。运动必须由学校推广到全社会，成为每个人日常生活中的一个节目，如吃饭睡觉一样，它才能于全民族的健康有所补助。

谈价值意识

　　物有本末，事有终始，知所先后，则近道矣。

　　我初到英国读书时，一位很爱护我的教师——辛博森先生——写了一封很恳切的长信，给我讲为人治学的道理，其中有一句话说："大学教育在使人有正确的价值意识，知道权衡轻重。"于今事隔二十余年，我还很清楚地记得这句看来颇似寻常的话。在当时，我看到了有几分诧异，心里想：大学教育的功用就不过如此么？这二三十年的人生经验才逐渐使我明白这句话的分量。我有时虚心检点过去，发现了我每次的过错或失败都恰是当人生歧路，没有能权衡轻重，以至去取失当。比如说，我花去许多功夫读了一些于今看来是值不得读的书，作了一些于今看来是值不得作的文章，尝试了一些于今看来是值不得尝试的事，这样地就把正经事业耽误了。好比行军，没有侦出要塞，或是侦出要塞而不尽力去击破，只在无战争重要性的角落徘徊摸索，到精力消耗完了还没碰着敌人，这岂不是愚蠢？

　　我自己对于这种愚蠢有切身之痛，每衡量当世人物，也欢喜审察他们是否有犯同样的毛病。有许多在学问思想方面极为我所敬佩的人，希望本来很大，他们如果死心塌地做他们的学问，成就必有可观。但是因为他们在社会上名望很高，每个学校都要请他们演讲，每个机关都要请他们担任职务，每个刊物都要请他们作文章，这样一来，他们不能集中力量去做一件事，用非其长，长处不能发展，不久也就荒废了。名位是中国学者的大患。没有名位去挣扎求名位，旁驰博骛，用心不专，是一种浪费；既得名位而社会视为万能，事事都来打搅，惹得人心慌意乱，是一种更大的浪费。"古之学者为己，今之学者为人。"在"为人""为己"的冲突中，"为人"是很大的诱惑。学者遇到这种诱惑，必须知所轻重，毅然有所取舍，否则随波逐流，不旋踵就有没落之祸。认定方向，立定脚跟，都需要很深厚的修养。

"正其谊不谋其利，明其道不计其功"，是儒家在人生理想上所表现的价值意识。"学也禄在其中"，既学而获禄，原亦未尝不可；为干禄而求学，或得禄而忘学便是颠倒本末。我国历来学子正坐此弊。记得从前有一个学生刚在中学毕业，他的父亲就要他做事谋生，有友人劝阻他说："这等于吃稻种。"这句聪明话可表现一般家长视教育子弟为投资的心理。近来一般社会重视功利，青年学子便以功利自期，入学校只图混资格做敲门砖，对学问没有浓厚的兴趣，至于立身处世的道理更视为迂阔而远于事情。这是价值意识的混乱。教育的根基不坚实，影响到整个社会风气以至于整个文化。轻重倒置，急其所应缓，缓其所应急，这种毛病在每个人的生活上、在政治上、在整个文化动向上都可以看见。近来我看了英人贝尔的《文化论》（Clive Bell: *Civilization*），其中有一章专论价值意识为文化要素，颇引起我的一些感触。贝尔专从文化观点立论，我联想到"价值意识"在人生许多方面的意义。这问题值得仔细一谈。

自然界事物纷纭错杂，人能不为之迷惑，赖有两种发现，一是条理，一是分寸。条理是联系线索，分寸是本末轻重。有了条理，事物才能分别类居，不相杂乱；有了分寸，事物才能尊卑定位，各适其宜。条理是横面上的秩序，分寸是纵面上的等差。条理在大体上是纯理活动的产品，是偏于客观的；分寸的鉴别则有赖于实用智慧，常为情感意志所左右，带有主观的成分。别条理，审分寸，是人类心灵的两种最大的功能，一般自然科学在大体上都是别条理的事，一般含有规范性的学术如文艺、伦理、政治之类都是审分寸的事。这两种活动有时相依为用，但是别条理易，审分寸难。一个稍有逻辑修养的人大半能别条理，审分寸则有待于一般修养。它不仅是分析，而且是衡量；不仅是知解，而且是抉择。"厩焚，子退朝，曰'伤人乎？'不问马。"这件事本很琐细，但足见孔子心中所存的分寸，这种分寸是他整个人格的表现。

所谓审分寸，就是辨别紧要的与琐屑的，也就是有正确的价值意识。"价值"是一个哲学上的术语，有些哲学家相信世间有绝对价值，永驻常在，不随时空及人事环境为转移，如康德所说的道德责任，赫格尔所说的永恒公理。但是就一般知解说，价值都有对待，高下相形，美丑相彰，而且事物自身本无价值可言，其有价值，是对于人生有效用，效用有大小，价值就有高低。这所谓"效用"自然是指极广义的，包含一切物质的和精神的实益，不单指狭义功利主义所推崇的安富尊荣之类。作为这样的解释，价值意识对于人生委实是重要。人生一切活动，都各追求一个目的，我们必须先估定这目的有无追求的价值。如果根本没有价值而我们去追求，只追求较低的价值，我们就打错了算盘，没有尽量地享受人生最大的好处。有正确的价值意识，我们对于可用的力量才能做最经济的分配，对于人生的丰富意味才能尽量榨取。人投生在这个世界里如入珠宝市，有任意采取的自由，但是货色无穷，担负的力量不过百斤。有人挑去瓦砾，有人挑去钢铁，也有人挑去珠玉，这就看他们的价值意识如何。

价值意识的应用范围极广。凡是出于意志的行为都有所抉择、有所排弃。在各种可能的途径之中择其一而弃其余，都须经过价值意识的审核。小而衣食行止，大而道德学问事功，无一能为例外。

价值通常分为真善美三种。先说真，它是科学的对象，科学的思考在大体上虽偏于别条理，却也须审分寸。它分析事物的属性，必须辨别主要的与次要的；推求事物的成因，必须辨别自然的与偶然的；归纳事例的原则，必须辨别貌似有关的与实际有关的。苹果落地是常事，只有牛顿抓住它的重要性而发明引力定律；蒸汽上腾是常事，只有瓦特抓住它的重要性而发明蒸汽机，就一般学术研究方法说，提纲挈领是一套紧要的功夫，囫囵吞枣必定是食而不化。提纲挈领需要很锐敏的价值意识。

次说美，它是艺术的对象。艺术活动通常分欣赏与创造。欣赏全是价值意识的鉴别，艺术趣味的高低全靠价值意识的强弱。趣味低，不是好坏无鉴别，就是欢喜坏的而不了解好的。趣味高，只有真正好的作品才够味，低劣作品可以使人作呕。艺术方面的爱憎有时更甚于道德方面的爱憎，行为的失检可以原谅，趣味的低劣则无可容恕。至于艺术创造更步步需要谨严的价值意识。在作品酝酿中，许多意象纷呈，许多情致泉涌，当兴高采烈时，它们好像八宝楼台，件件惊心夺目，可是实际上它们不尽经得起推敲，艺术家必能知道割爱，知道剪裁洗练，才可披沙拣金。这是第一步。已选定的材料需要分配安排，每部分的分量有讲究，各部分的先后位置也有讲究。凡是艺术作品必有头尾和身材，必有浓淡虚实，必有着重点与陪衬点。"譬如北辰，居其所，而众星拱之。"艺术作品的意思安排也是如此。这是第二步。选择安排可以完全是胸中成竹，要把它描绘出来，传达给别人看，必借特殊媒介，如图画用形色，文学用语言。一个意思常有几种说法，都可以说得大致不差，但是只有一种说法，可以说得最恰当妥帖。艺术家对于所用媒介必有特殊敏感，觉得大致不差的说法实在是差之毫厘，谬以千里，并且在没有碰着最恰当的说法以前，心里就安顿不下去，他必肯呕出心肝去推敲。这是第三步。在实际创造时，这三个步骤虽不必分得如此清楚，可是都不可少，而且每步都必有价值意识在鉴别审核。每个大艺术家必同时是他自己的严厉的批评者，一个人在道德方面需要良心，在艺术方面尤其需要良心。良心使艺术家不苟且敷衍，不甘落下乘。艺术上的良心就是谨严的价值意识。

再次说善，它是道德行为的对象。人性本可与为善，可与为恶，世间善人少而不善人多，可知为恶易而为善难。为善所以难者，道德行为虽根于良心，常与私欲相冲突，胜私欲需要极大的意志力。私欲引人朝抵抗力最低的路径走，而道德行为往往朝抵抗力最大的路径走。这本有几分不自然。但是世间终有人为履行道德信条而不惜牺牲一切者，即深切地感觉到善的价值。"朝闻道，夕死可矣。"孔子醇儒，向少作这样侠士气的口吻，而竟说得如此斩截者，即本于道重于生命一个价值意识。古今许多忠臣烈士宁杀身以成仁，也是有见于此。从短见的功利观点看，这种行为有些傻气。但是人之所以为人，就贵在这点傻气。说浅一点，善是一种实益，行善社会才可安宁，人生才有幸福。说深一点，善就是一种美，我们不容行为有瑕疵，犹如不容一件艺术作品有缺陷。求行为的善，即所以维持人格的完美与人性的尊严。善的本身也有价值的等差。"礼与其奢也宁俭，丧与其易也宁戚"，重在内心不在外表。"男女授受不亲，嫂溺援之以手"，重在权变不在拘守条文。"人尽夫也，父一而已"，重在孝不在爱。忠孝不能两全时，先忠而后孝。以德报怨，即无以报德，所以圣人主以直报怨。"其父攘羊，其子证之"，为国法而伤天伦，所以圣人不取。子夏丧子失明而丧亲民无所闻，所以为曾子所呵责。孔子自己的儿子死只有棺，所以不肯卖车为颜渊买椁。齐人拒嗟来之食，义本可嘉，施者谢罪仍坚持饿死，则为太过，有无相济是正当道理，微生高乞醯以应邻人之求，不得为直。战所以杀敌制胜，宋襄公不鼓不成列，不得为仁。这些事例有极重人的，有极寻常的，都可以说明权衡轻重是道德行为中的紧要功夫。道德行为和艺术一样，都要做得恰到好处。这就是孔子所谓"中"，孟子所谓"义"，中者无过无不及，义者事之宜。要事事得其宜而尤过无不及，必须有很正确的价值意识。

真善美三种价值既说明了，我们可以进一步谈人生理想。每个人都不免有一个理想，或为温饱，或为名位，或为学问，或为德行，或为事功，或为醇酒妇人，或为斗鸡走狗，所谓"从其大体者为大人，从其小体者为小人"。这种分别究竟以什么为标准呢？哲学家们都承认：人生最高目的是幸福。什么才是真正的幸福？对于这问题也各有各的见解。积学修德可被看成幸福，饱食暖衣也可被看成幸福，究竟谁是谁非呢？我们从人的观点来说，须认清人的高贵处在哪一点。很显然的，在肉体方面，人比不上许多动物，人之所以高于禽兽者在他的心灵。人如果要充分地表现他的人性，必须充实他的心灵生活。幸福是一种享受。享受者或为肉体，或为心灵。人既有肉体，即不能没有肉体的享受。我们不必如持禁欲主义的清教徒之不近人情，但是我们也须明白：肉体的享受不是人类最上的享受，而是人类与鸡豚狗彘所共有的。人类最上的享受是心灵的享受。哪些才是心灵的享受呢？就是上文所述的真善美三种价值。学问、艺术、道德几无一不是心灵的活动，人如果在这三方面达到最高的境界，同时也就达到最幸福的境界。一个人的生活是否丰富，这就是说，有无价值，就看他对于心灵或精神生活的努力和成就的大小。如果只顾衣食饱暖而对于真善美漫不感觉兴趣，他就成为一种行尸走肉了。这番道理本无深文奥义，但是说起来好像很迂阔。灵与肉的冲突本来是一个古老而不易化除的冲突。许多人因顾到肉遂忘记灵，相习成风，心灵生活便被视为怪诞无稽的事。尤其是近代人被"物质的舒适"这一观念所迷惑，大家争着去拜财神，财神也就笼罩了一切。"哀莫大于心死"，而心死则由于价值意识的错乱。我们如想改正风气，必须改正教育，想改正教育，必须改正一般人的价值意识。

谈美感教育

　　世间事物有真善美三种不同的价值，人类心理有知情意三种不同的活动。这三种心理活动恰和三种事物价值相当：真关于知，善关于意，美关于情。人能知，就有好奇心，就要求知，就要辨别真伪，寻求真理。人能发意志，就要想好，就要趋善避恶，造就人生幸福。人能动情感，就爱美，就欢喜创造艺术，欣赏人生自然中的美妙境界。求知、想好、爱美，三者都是人类天性；人生来就有真善美的需要，真善美俱备，人生才完美。

　　教育的功用就在顺应人类求知、想好、爱美的天性，使一个人在这三方面得到最大限度的调和的发展，以达到完美的生活。"教育"一词在西文为education，是从拉丁动词educare来的，原义是"抽出"，所谓"抽出"就是"启发"。教育的目的在"启发"人性中所固有的求知、想好、爱美的本能，使它们尽量生展。中国儒家的最高的人生理想是"尽性"。他们说："能尽人之性则能尽物之性，能尽物之性则可以赞天地之化育"。教育的目的，可以说就是使人"尽性""发挥性之所固有"。

　　物有真善美三面，心有知情意三面，教育求在这三方面同时发展，于是有智育、德育、美育三节目。智育叫人研究学问、求知识、寻真理；德育叫人培养善良品格，学做人处世的方法和道理；美育叫人创造艺术，欣赏艺术与自然，在人生世相中寻出丰富的兴趣。三育对于人生本有同等的重要，但是在流行教育中，只有智育被人看重，德育在理论上的重要性也还没有人否认，至于美育则在实施与理论方面都很少有人顾及。二十年前蔡孑民先生一度提倡过"美育代宗教"，他的主张似没有发生多大的影响。还有一派人不但忽略美育，而且根本仇视美育。他们仿佛觉得艺术有几分不道德，美育对于德育有妨碍。古希腊大哲学家柏拉图就以为诗和艺术是说谎的，逢迎人类卑劣情感的，多受诗和艺术的熏染，人就会失去理智的控制而变成情感的奴隶，所以他对诗人和艺术家说了一番客气话之后，就把他们逐出"理想国"的境外。中世纪耶稣教徒的态度也很类似。他们以倡苦行主义求来世的解脱，文艺是现世中一种快乐，所以被看成一种罪孽。近代哲学家中卢梭是平等自由说的倡导者，照理应该能看得宽远一点，但是他仍是怀疑文艺，因为他把文艺和文化都看成朴素天真的腐化剂。托尔斯泰对近代西方艺术的攻击更丝毫不留情面，他以为文艺常传染不道德的情感，对于世道人心影响极坏。他在《艺术论》里说："每个有理性有道德的人应该跟着柏拉图以及耶回教师，把这问题重新这样决定：宁可不要艺术，也莫再让现在流行的腐化的虚伪的艺术继续下去。"

这些哲学家和宗教家的根本错误在认定情感是恶的，理性是善的，人要能以理性镇压感情，才达到至善。这种观念何以是错误的呢？人是一种有机体，情感和理性既都是天性固有的，就不容易拆开。造物不浪费，给我们一分家当就有一分的用处。无论情感是否可以用理性压抑下去，纵是压抑下去，也是一种损耗，一种残废。人好比一棵花草，要根茎枝叶花实都得到平均的和谐的发展，才长得繁茂有生气。有些园丁不知道尽草木之性，用人工去歪曲自然，使某一部分发达到超出常态，另一部分则受压抑摧残。这种畸形发展是不健康的状态，在草木如此，在人也是如此。理想的教育不是摧残一部分天性而去培养另一部分天性，以致造成畸形的发展，理想的教育是让天性中所有的潜蓄力量都得尽量发挥，所有的本能都得平均调和发展，以造成一个全人。所谓"全人"除体格强壮以外，心理方面真善美的需要必都得到满足。只顾求知而不顾其他的人是书虫，只讲道德而不顾其他的人是枯燥迂腐的清教徒，只顾爱美而不顾其他的人是颓废的享乐主义者。这三种人，都不是全人而是畸形人，精神方面的驼子、跛子。养成精神方面的驼子、跛子的教育是无可辩护的。

美感教育是一种情感教育。它的重要我们的古代儒家是知道的。儒家教育特重诗，以为它可以兴观群怨；又特重礼乐，以为"礼以制其宜，乐以导其和"。《论语》有一段话总述儒家教育宗旨说："兴于诗，立于礼，成于乐。"诗、礼、乐三项可以说都属于美感教育。诗与乐相关，目的在怡情养性，养成内心的和谐（harmony）；礼重仪节，目的在使行为仪表就规范，养成生活上的秩序（order）。缊于中的是性情，受诗与乐的陶冶而达到和谐；发于外的是行为仪表，受礼的调节而进到秩序。内具和谐而外具秩序的生活，从伦理观点看，是最善的；从美感观点看，也是最美的。儒家教育出来的人要在伦理和美感观点都可以看得过去。

这是儒家教育思想中最值得注意的一点。他们的着重点无疑地是在道德方面，德育是他们的最后鸪的，这是他们与西方哲学家、宗教家柏拉图和托尔斯泰诸人相同的。不过他们高于柏拉图和托尔斯泰诸人，因为柏拉图和托尔斯泰诸人误认美育可以妨碍德育，而儒家则认定美育为德育的必由之径。道德并非陈腐条文的遵守，而是至性真情的流露。所以德育从根本做起，必须怡情养性。美感教育的功用就在怡情养性，所以是德育的基础功夫。严格地说，善与美不但不相冲突，而且到最高境界根本是一回事，它们的必有条件同是和谐与秩序。从伦理观点看，美是一种善；从美感观点看，善也是一种美。所以在古希腊文与近代德文中，美善只有一个字，在中文和其他近代语文中，"善"与"美"二字虽分开，仍可互相替用。真正的善人对于生活不苟且，犹如艺术家对于作品不苟且一样。过一世生活好比作一篇文章，文章求惬心贵当，生活也须求惬心贵当。我们嫌恶行为上的鄙卑龌龊，不仅因其不善，也因其丑，我们赞赏行为上的光明磊落，不仅因其善，也因其美，一个真正有美感修养的人必定同时也有道德修养。

美育为德育的基础，英国诗人雪莱在《诗的辩护》里也说得透辟。他说：

> 道德的大原在仁爱，在脱离小我，去体验我以外的思想行为和体态的美妙。一个人如果真正做善人，必须能深广地想象，必须能设身处地替旁人想，人类的忧喜苦乐变成他的忧喜苦乐。要达到道德上的善，最大的途径是想象；诗从这根本上做功夫，所以能发生道德的影响。

换句话说，道德起于仁爱，仁爱就是同情，同情起于想象。比如你哀怜一个乞丐，你必定先能设身处地想象他的痛苦。诗和艺术对于主观的情境必能"出乎其外"，对于客观的情境必能"入乎其中"，在想象中领略它、玩索它，所以能扩大想象，培养同情。这种看法也与儒家学说暗合。儒家在诸德中特重"仁"，"仁"近于耶稣教的"爱"、佛教的"慈悲"，是一种天性，也是一种修养。仁的修养就在诗。儒家有一句很简赅深刻的话："温柔敦厚诗教也。"诗教就是美育，温柔敦厚就是仁的表现。

美育不但不妨害德育而且是德育的基础，如上所述。不过美育的价值还不仅在此。西方人有一句恒言说："艺术是解放的，给人自由的。"（Art is liberative.）这句话最能见出艺术的功用，也最能见出美育的功用。现在我们就在这句话的意义上发挥。从哪几方面看，艺术和美育是"解放的，给人自由的"呢？

第一，是本能冲动和情感的解放。人类生来有许多本能冲动和附带的情感，如性欲、生存欲、占有欲、爱、恶、怜、惧之类。本着自然倾向，它们都需要活动，需要发泄。但是在实际生活中，它们不但常彼此互相冲突，而且与文明社会的种种约束如道德、宗教、法律、习俗之类不相容。我们每个人都知道，本能冲动和欲望是无穷的，而实际上有机会实现的却寥寥有数。我们有时察觉到本能冲动和欲望不大体面，不免起羞恶之心，硬把它们压抑下去；有时自己对它们虽不羞恶，而社会的压力过大，不容它们赤裸裸地暴露，也还是被压抑下去。性欲是一个最显著的例子。从前哲学家、宗教家大半以为这些本能冲动和情感都是卑劣的、不道德的、危险的，承认压抑是最好的处置。他们的整部道德信条有时只在以理智镇压情欲。我们在上面已指出这种看法的不合理，说它违背了平均发展的原则，容易造成畸形发展。其实它的祸害还不仅此。弗洛伊德（Freud）派心理学告诉我们，本能冲动和附带的情感仅可暂时压抑而不可永远消灭，它们理应有自由活动的机会。如果勉强被压抑下去，表面上像是消灭了，实际上在潜意识里凝聚成精神的疮疖，为种种变态心理和精神病的根源。依弗洛伊德看，我们现代文明社会中人因受道德、宗教、法律、习俗的裁制，本能冲动和情感常难得正常的发泄，大半都有些"被压抑的欲望"所凝成的"情意综"（complexes）。这些情意综潜蓄着极强烈的捣乱力，一旦爆发，就成精神上种种病态。但是这种潜力可以借文艺而发泄，因为文艺所给的是想象世界，不受现实世界的束缚和冲突。在这想象世界中，欲望可以用"望梅止渴"的办法得到满足。文艺还把带有野蛮性的本能冲动和情感提到一个较高尚较纯洁的境界去活动，所以有升华作用（sublimation）。有了文艺，本能冲动和情感才得以自由发泄，不致凝成疮疖酿成精神病，它的功用有如机器方面的"安全瓣"（safety volve）。弗洛伊德的心理学有时近于怪诞，但实含有一部分真理。文艺和其他美感活动给本能冲动和情感以自由发泄的机会，在日常经验中也可以得到证明。我们每当愁苦无聊时，费一点工夫来欣赏艺术作品或自然风景，满腹的牢骚就马上烟消云散了。读古人的痛快淋漓的文章，我们常有"深得我心"的感觉。看过一部戏或是读过一部小说以后，我们觉得曾经紧张了一阵是一件痛快事。这些快感都起于本能冲动和情感在想象世界中得解放。最好的例子是歌德著《少年维特之烦恼》的经过。他少时爱过一个已经许人的女子，心里痛苦已极，想自杀以了一切。有一天他听到一位朋友失恋自杀的消息，想到这事和他自己的境遇相似，可以写成一部小说。他埋头两礼拜，写成《少年维特之烦恼》，把自己心中怨慕愁苦的情绪一齐倾泻到书里，书成了，他的烦恼便去了，自杀的念头也消了。从这实例看，文艺确有解放情感的功用，而解放情感对于心理健康也确有极大的裨益，我们通常说一个人情感要有所寄托，才不致苦恼烦闷。文艺是大家公认为寄托情感的最好的处所。所谓"情感有所寄托"还是说它要有地方可以活动，可得解放。

其次，是眼界的解放。宇宙生命时时刻刻在变动进展中，古希腊哲人有"濯足急流，抽足再入，已非前水"的譬喻，所以在这种变动进展的过程中每一时每一境都是个别的、新鲜的、有趣的。美感经验并无深文奥义，它只在人生世相中见出某一时某一境特别新鲜有趣而加以流连玩味，或者把它描写出来。这句话中"见"字最紧要。我们一般人对于本来在那里的新鲜有趣的东西不容易"见"着。这是什么缘故呢？不能"见"，必有所蔽。我们通常把自己围在习惯所画成的狭小圈套里，让它把眼界"蔽"着，使我们对它以外的世界都视而不见、听而不闻。比如我们如果围于饮食男女，饮食男女以外的事物就见不着；围于奔走钻营，奔走以外的事就见不着。有人向海边农夫称赞他的门前海景美，他很羞涩地指着屋后菜园说："海没有什么，屋后的一园菜倒还不孬。" 园菜围住了他，使他不能见到海景美。我们每个人都有所围，有所蔽，许多东西都不能见，所见到的天地是非常狭小的、陈腐的、枯燥的。诗人和艺术家所以超过我们一般人者就在情感比较真挚、感觉比较锐敏、观察比较深刻、想象比较丰富。我们"见"不着的他们"见"得着，并且他们"见"得到就说得出，我们本来"见"不着的他们"见"

着说出来了，就使我们也可以"见"着。像一位英国诗人所说的，他们"借他们的眼睛给我们看"（They lend their eyes for us to see）。中国人爱好自然风景的趣味是陶、谢、王、韦诸诗人所传染的。在 Turner 和 Whistler 以前，英国人就没有注意到泰晤士河上有雾。Byron 以前，欧洲人很少赞美威尼斯。前一世纪的人崇拜自然，常咒骂城市生活和工商业文化，但是现代美国、俄国的文学家有时把城市生活和工商业文化写得也很有趣。人生的罪孽灾害通常只引起忿恨，悲剧却教我们于罪孽灾祸中见出伟大庄严；丑陋乖讹通常只引起嫌恶，喜剧却教我们在丑陋乖讹中见出新鲜的趣味。Rembrandt 画过一些疲癃残疾的老人以后，我们见出丑中也还有美。象征诗人出来以后，许多一纵即逝的情调使我们觉得精细微妙，特别值得留恋。文艺逐渐向前伸展，我们的眼界也逐渐放大，人生世相越显得丰富华严。这种眼界的解放给我们不少的生命力量，我们觉得人生有意义、有价值，值得活下去。许多人嫌生活干燥，烦闷无聊，原因就在缺乏美感修养，见不着人生世相的新鲜有趣。这种人最容易堕落颓废，因为生命对于他们失去意义与价值。"哀莫大于心死"，所谓"心死"就是对于人生世相失去解悟与留恋，就是不能以美感态度去观照事物。美感教育不是替有闲阶级增加一件奢侈品，而是使人在丰富华严的世界中随处吸收支持生命和推展生命的活力。朱子有一首诗说："半亩方塘一鉴开，天光云影共徘徊，问渠那得清如许？为有源头活水来。"这诗所写的是一种修养的胜境。美感教育给我们的就是"源头活水"。

第三，是自然限制的解放。这是德国唯心派哲学家康德、席勒、叔本华、尼采诸人所最着重的一点，现在我们用浅近语来说明它。

自然世界是有限的，受因果律支配的，其中毫末细故都有它的必然性，因果线索命定它如此，它就丝毫移动不得。社会历史铸就，人由遗传和环境造成。人的活动寸步离不开物质生存条件的支配，没有翅膀就不能飞，绝饮食就会饿死。由此类推，人在自然中是极不自由的。动植物和非生物一味顺从自然，接受它的限制，没有过分希冀，也就没有失望和痛苦。人却不同，他有心灵，有不可压的欲望，对于无翅不飞、绝食饿死之类事实总觉有些歉然。人可以说是两重奴隶，第一服从自然的限制，其次要受自己的欲望驱使。以无穷欲望处有限自然，人便处处觉得不如意、不自由，烦闷苦恼都由此起。专就物质说，人在自然面前是很渺小的，它的力量抵不住自然的力量，无论你有如何大的成就，到头终不免一死，而且科学告诉我们，人类一切成就到最后都要和诸星球同归于毁灭。在自然圈套中求征服自然是不可能的，好比孙悟空跳来跳去，终跳不出如来佛的掌心。但是在精神方面，人可以跳开自然的圈套而征服自然，他可以在自然世界之外另在想象中造出较能合理慰情的世界。这就是艺术的创造。在艺术创造中可以把自然拿在手里来玩弄，剪裁它、锤炼它，从新给予生命与形式。每一部文艺杰作以至于每人在人生自然中所欣赏到的美妙境界都是这样创造出来的。美感活动是人在有限中所挣扎得来的无限，在奴属中所挣扎得来的自由。在服从自然限制而汲汲于饮食男女的寻求时，人是自然的奴隶；在超脱自然限制而创造欣赏艺术境界时，人是自然的主宰。换句话说，就是上帝。多受些美感教育，就是多学会如何从自然限制中解放出来，由奴隶变成上帝，充分地感觉人的尊严。

爱美是人类天性，凡是天性中所固有的必须趁适当时机去培养，否则像花草不及时下种及时培植一样，就会凋残萎谢。达尔文在自传里懊悔他一生专在科学上做功夫，没有把他年轻时对于诗和音乐的兴趣保持住，到老来他想用诗和音乐来调剂生活的枯燥，就抓不回年轻时那种兴趣，觉得从前所爱好的诗和音乐都索然无味。他自己说这是一部分天性的麻木，这是一个很好的前车之鉴。美育必须从年轻时就下手，年纪愈大，外务日纷繁，习惯的牢笼愈坚固，感觉愈迟钝，心里愈复杂，欣赏艺术力也就愈薄弱。我时常想，无论学哪一科专门学问，干哪一行职业，每个人都应该会听音乐，不断地读文学作品，偶尔有欣赏图画、雕刻的机会。在西方社会中这些美感活动是每个受教育者的日常生活中的重要节目。我们中国人除专习文学艺术者以外，一般人对于艺术都漠不关心，这是最可惋惜的事，它多少表示民族生命力的低降与精神的颓靡。从历史看，一个民族在最兴旺的时候，艺术成就必伟大，美育必发达。史诗悲剧时代的古希腊、文艺复兴时代的意大利、莎士比亚时代的英国、歌德和贝多芬时代的德国都可以为证。我们中国人，古代对于诗乐舞的嗜好也极普遍。《诗经》《礼记》《左传》诸书所记载的歌乐舞的盛况常使人觉得仿佛是置身近代欧洲社会。孔子处周衰之际，特置慨于诗亡乐坏，也是见到美育与民族兴衰的关系密切。现在我们要想复兴民族，必须恢复周以前歌乐舞的盛况，这就是说，必须提倡普及的美感教育。

·人生与修养·

消除烦闷与超脱现实

　　王君光祈在本志《学生生活号》发表的《中国人之生活颠倒》那篇文章，把青年烦闷之最大原因，可算说得透辟极了。不过王君的娓娓动听的文笔很遮盖一些美中不足。人生各时期有各时期的嗜好，要有机会自由发展，免得斫丧生机。这话固然含有至理。但是假使吾人都能及时行乐，不致有"过时之感"，世间便可以没有烦闷苦恼么？在王君的意见，欧洲人无论男女老幼都及时行乐，所以他们的生活最愉快。但是我们研究欧洲近代文学，似乎觉得欧洲人心窝里也还有许多忧愁愤懑。罗素到中国看见农夫走贩，和寺庙里罗汉菩萨一样，都满面带着笑容，以为中国人是最能快乐的一个民族，非欧洲人梦想所能及。从这点看起来，各人自己的苦乐，只有各人自己心里晓得。我们不能假定欧洲人没有过时之感，所以就没有烦闷；而推论到烦闷的原因完全由于过时之感，只要及时行乐，便不会有烦闷。

　　理想上可然的事情，没有限制，事实上竟然的事情，就要受环境的因果律支配。欲望跟着理想走，是一件随时伸缩不可餍足的东西，背着太阳走路，影子比身子总要前一步。欲望和行乐的关系，也很像影子和身子。你今天及时行乐吗？你的欲望已跑前一步了。假使明天有机会餍足今天的欲望，后天又有机会餍足明天的欲望，如此辗转下去，有求必应；那么，烦闷自无从发生，王君的原理，自然可以成天经地义。但是世事不尽由人算。实际上我们许多的梦想，到底都石沉云散归于乌有。欲望不餍足，就是失望的代名词；失望又可以说是烦闷的代名词。那么，因为乐到这步田地，望到那步田地，失望便烦闷；我们可以说，今天行乐便种下明天烦闷的种子。这样凭空说话，人家或者要骂我玄之又玄。现在说一个具体的例子。吃早饭没中饭的穷措大，看见别人食前方丈，便以为到了这步田地，就尽了人生之乐事了。但是他既然狂饮大嚼，看见坐高车驱驷马的人，又想那个人何等阔绰！他自己还没有尝过这种滋味咧！不多会儿，他有马车坐了，又想没有一个很亲爱的很美貌的妻子，人生究竟还没有真正的乐趣。好了，他现在有了妻子了。伉俪间遐情逸致，南面王也不能易其乐呀！可是过了几年，姣且好者变成老而丑了。他又想，"嗳！这究竟还不是我的理想的至乐。"以前希望一件就有一件，尚不免有些无聊赖。倘若希望这件，得不了这件，希望那件，得不了那件，生活不更加干燥无味，不更加惹人烦闷么？实际上失望比得意似乎较普通一点。照我们的理想，世界应该不仅是如此如此。然而现实偏偏不由人算，走它自己的路。感情冷淡的人对于这般情景，还不觉得什么无可奈何，至多不过叹口气说："天实为之，于人何尤！"于是就这样了事。可是在富于感情的人看他们亲爱的梦想都不能实现，便有些儿不服气。现实比冰还冷，比铁还硬，哪管你服气不服气哟？现实越发不如人期望，人生就越发干燥无味。于是失望、丧气、悲观厌世……都蜂拥而来了。

总而言之，烦闷生于不能调和理想和现实的冲突。

少年气盛的人总说"什么烦闷呀，什么调和理想与现实的冲突呀，都是懦夫口里说的话。因为社会黑暗，环境困难，我们才不虚生。不然，我们生在世间就专为过太平日子么？别的人尽管烦闷，我呢，决不屑失望和悲观。我以为人生任务只有奋斗。奋斗到征服环境为止。"我也是极端主张和环境奋斗的一个小卒，可是我同时也相信环境是极不容易征服的。

你看这一阵和环境奋斗过的人！他们面目上毫没有温热气和闪烁的光彩了。或者他们的头脑中也不复有什么高尚的意志和坚强的决心了罢！殷仲堪有一天在园里看见一棵枯树，便深深叹一口气说"此树婆娑，生意尽矣！物犹如此，人何以堪"。看见没生气的冷冰的行尸走肉，怎么不叫人作同样的感想！但是，我们如何能瞧他们不起。十年前他们也和你和我一样，也很兴会淋漓地用热心毅力去干事，也很有百折不挠的气概咧，不过现在环境把他们征服了罢了。

你再看这一阵和环境奋斗过的人！他们看见世事一天坏似一天，心里虽然不服气，可是心力俱瘁无可如何。每个人都在那边愁着眉毛叹气。这个人说："神州莽莽，阴霾四布。流离浩劫，人间何世！"那个人说："皇皇大陆，吾人将于何处觅一片干净土耶！"这个人想，像这样活着，倒不如死，还是把万事丢开，投海去罢。那个人想，世事已不堪问，我姑且寄情于醇酒妇人，借以消愁解闷罢！嗳！谁晓得这种悲观哲学消磨了几多有用之才哟？但是，我们且慢些去怜惜。他们十年前也像你和我一样，也很抱乐观，也时常说，长夜漫漫，终有时旦，只要精诚贯澈，金石都自然会破裂咧。不过现在环境把他们征服了罢了。

我们说话论事，一方面要顾及当然，一方面也要顾及可然。就当然说，环境要降服，理想才可以实现。但是环境如何可以征服，我们也不可不注意。许多人起初都发愿要征服环境，何以后来大半反为环境征服？我们自然会说，因为他们的精神不能坚持到底。但是，他们的精神何以不能坚持到底？我们可以说，因为他们的精神不能超脱现实。一个人如果只能在现实界活动，现实如果顺遂，他自然可以快乐，但是现实如果使他的活动不成功，而他又没有别条路可以去求慰安，他自然要失望悲观。但是，倘若他的精神能够超脱现实，现实的困难当然不能叫他屈服，因为他还可以在精神界求慰安。现实既然不能屈服他的精神，那么，他自然可以坚持到底和环境奋斗了。

超脱现实的方法也很多。最普通的要算宗教信仰。现世一切苦恼不用说罢！灵魂不灭，来世的天堂快乐还不晓得有多么可爱。现在不过是时间的太仓一粟。我们撑持肉体活着，是一件极偶然的现象。在这个撑持肉体活着一顷间，就有一些儿苦痛，哪值得愁眉蹙额？不错，现世一切奋斗，眼前似乎没有大的效果。但是我们不必因此失望灰心，我们现在不过是播种子，将来一定有岁物丰成的日了。这些话是极浅近的极普通的宗教信仰。我自己既不是一个教徒，也不敢和打维护科学招牌的人搬唇舌。不过我很忠实地相信纯粹的宗教对于人类，利害相权，还是利多害少。倘若现世的苦乐不能叫普通人趋善避恶而宗教能够做这件事，为什么宁愿普通人做过恶不去信仰宗教？假使大家都觉得现世烦恼，假使宗教可以安慰他们的精神，为什么把烦恼的人逼到山穷水尽，不知去向？我也十分相信宗教原来是一种自欺。可是这究竟根于人性，不可免的。心理学家对我们说过，就是通常所谓理智（rationization），也大半是自欺的结果，你说宗教靠不住，理智又靠得住么？人类行为大部分都受感情支配。事前并不很揣摩为什么要这样做。事后追维，才找出一些理由来解释庇护自己的以往举动。这种理由和以往举动或毫无关系，不过姑且拉来自宽怀抱罢了。在理论上，吾人生活当全然受理性支配，但是在实际上，吾人生活是不受理性支配的。因为无意识和感情在那儿潜移默化，意识的防范实在鞭长不及马腹。所以想养成道德的习惯，与其锻炼理智，不如陶冶感情。宗教也是一种陶冶感情的工具。宗教何以能陶冶感情呢？感情是一件极活泼的东西，如果不得寄托的处所，来自由活动，便会游离不定。感情游离不定，结果就是精神失常，小而烦闷，大而疯癫。宗教的长处，就在能把游离不定的感情引到一个安顿的地方。这种陶淑作用（sublimation），弗洛伊德（Freud）和荣格（Jung）一派的心理学家说得非常透辟，我在这里也无须多话。不过添一句话代宗教辩护：托尔斯泰、甘地一流的人物，如果没有宗教做他们的精神原素，他们的生活决不像那样可爱，那样能感发兴起；希伯来和穆斯林两个民族，如果没有宗教做团结的线索，他们已经早当让极艰苦的环境征服了。

这番话谈给科学成见很深的人听，或者不能叫他们相信。那么，他们如果想解除烦闷，就要在美术中寻慰情剂，因为美术也很能使人超脱现实的。美术何以使人能超脱现实呢？一、就创作美术的人说，美术虽借现实做资料，但是对于资料的应用支配，美术家能够本自己的创造理想，伸缩自由。在现实范围里说话，空中决计不能起楼阁。美术便没有这种限制。所以现实世界不能实现的理想，在美术中可以有机会实现。二、就欣赏美术的人说，美术能引起快感，而同时又不会激动进一步的欲望，一方面给心灵以自由活动的机会，一方面又不为实用目的所扰。譬如在实际上看见一个美人，占有欲就蠢蠢欲动。但是看雷阿那多·达·芬奇画的《蒙娜丽莎》，如果曾经受过美术的陶冶，那时心神只像烟笼寒水，迷离恍惚，把世界上一切悲欢苦乐遗忘净尽了，还有什么欲望？我有一次劝一个学数理的朋友偷暇学一点文学，或者他的心绪不像那样干枯烦躁，他说："写实派文学把黑暗世界越发写得黑暗，读这种文学不叫人更悲观么？"我虽然觉得我生平所经过的极乐心境，是在深夜读含有悲剧原素的文字，但是我那时不能对这位朋友解释这种心理作用，所以我的朋友把我的忠告置之一笑就算了。后来读爱宾浩斯（Ebbinghaus）的心理学美术章，才恍然大悟。吾人生机时时刻刻求活动。生机发泄，感觉愉快；生机抑郁，感觉烦闷。所以遇着悲痛，哭一场就消了劲。生机不一定要在现实界才能发泄，美术也是一个极好的发泄生机的尾闾。在美术中发泄生机，所感的快乐比在现实界还更加纯粹深厚，因为没有实用的目的来滋扰。譬如在现实界看见父子三人都被恶蛇捆绞在一起，心里只有恐惧哀矜种种的不快之感。可是欣赏希腊著名雕刻《拉奥孔》（Laocoon），这种哀矜恐惧虽还有若干存在，但是它们都变成愉快的感觉了。这就是因为心里没有实用目的来烦扰。哀矜恐惧两种感情发泄了，然而心目中没有生死存亡的念头，没有逃脱抵抗的打算，所以虽哀矜恐惧而还能十分愉快。普通人在饮食男女名誉权利场合中生机受了挫折，便不知道向他方面求发泄，所以抑郁，所以烦闷。谁肯宣传美术的福音来救济这些无数在苦海中挣扎的失望者呢？

美术不但可以使人超脱现实，还可以使人在现实界领悟天然之美，消受自在之乐。自然界有多少美致，人生有多少妙趣，在粗心浮气的人看，都忽略过去。经美术家一指点，美就确乎是美，妙就确乎是妙。谁没有看过流水？不过在普通人看，流水只是流水罢了，孔子一看到，便叹气说："逝者如斯夫，不舍昼夜！"这样一指点，滚滚东流的水便含有无限生机，无限悲感。谁没有看见鸟鹊在树林里度日子？陶渊明看见，便推出一种极乐的人生观哲学。"众鸟欣有托，吾亦爱吾庐"两句诗把宇宙写得多么可爱？美术家不但在花明风惠的境界，可以领略鱼跃鸢飞的乐趣，就是在极细微处——甚且在极悲惨处——也能寻出赏心乐事。托尔斯泰是一个最好例子。在他的《战争与和平》里面，那位彼得在牢狱中饥寒交迫，人生之苦，无不备尝。但是他一天看见天上月明如水，牢狱四围的园林山谷都空濛澄澈，一望无际，他就恍然觉悟人生的至乐，不是环境可以磨灭的。在他的《神在爱所在》那篇小说里，一个极穷苦的鞋匠梦见上帝要到他家里来，从天早候到天晚，只有一个扫雪的苦工来分他房子里的暖气，和一个抱着呱呱哭的孩子的丐妇来分他的几粒豆饭。他就因而觉悟神在爱所在的道理，心里便二十四分地畅快。这不过是偶尔想出来几个例子。其实我所见到的何及恒河一粒沙哟！我相信人肯受美术陶冶，世界和人生决不至干燥无味。烦闷无形消灭，自然不消说了。

除宗教家和美术家以外，最能超脱现实的要算是婴儿。他们高起兴来，就结队搬砖弄瓦呀，捉迷藏呀……玩得不公平，便打一个痛快架，打痛了，便索性哭一场。哭过了，就揩干眼泪，开笑脸再去做别的玩意儿。他们天真烂漫，完全趁着一时的兴会做事，绝对不瞻前顾后，所以他们生活最愉快。人生快乐倘若想完备，一定要保存一点孩子气，这种孩子气应用非常之广。孔子有一天问门下弟子的志愿，许多人都说一些什么兴邦治国。曾点一个人却说，"春服既成，冠者五六人，童子六七人，浴乎沂，风乎舞雩，咏而归。"孔子听过，便不迟疑地宣布"吾与点也"。曾点的长处就在能保一种天真烂漫的孩子气。孔子称许他，或则也因为"大人者无失其赤子之心"罢。王徽之的故事也是一个好例子。有一晚雪后初晴，月亮照得非常光澈。他忽然想到他的朋友处谈谈心。立刻间他就撑只小船去了。不多会儿到他朋友的门口了，他忽然地又抽身转去。人问他的缘故，他说：我"乘兴而来，兴尽而返"。何足为奇？像这一流人物才晓得人生在世，怎样才能怡情养性，无沾无碍咧！有些人或者骂这种习惯带着臭名士气。他们自然也许有他们的高见。不过我想这种天真烂漫无沾无碍的气象倘若不用到过分，实在对于精神的卫生有许多裨益。人的精力无论属于精神方面或者身体方面，都有一个限度。譬如弓弦，拉到满引的时候，倘若不放松一点，怎么可以再加力？纵使再加力，怎么能不崩折？普通人无论何时何地，都一样地认真到底，不能稍稍放肆一点。所以容易倦怠，容易灰心。孩儿气的好处就在有时使人偶尔把现实的重载卸在旁边，让心灵偷点空儿休息，好预备再出力。

这三个方法，我个人认为可以超脱现实，解除烦闷。别人——科学家和哲学家——也许在别的地方寻出超脱现实解除烦闷的方法，不过我没有经验，不能说话。我和王君光祈的出发点都是给生机以自由活动的机会。不过王君着重的是人生各时期有各时期的嗜好，要随时餍足。所以王君似乎主张生机只可以在现实界活动，如果现实界活动不成功，便使人生烦闷。我的主张是一种补充的办法。我以为生机不仅可以在现实界活动，如果在现实界受了挫折，不一定使人生烦闷，因为他还可以超脱现实在精神界求慰安。就积极方面说，超脱现实，就是养精蓄锐，为征服环境的预备。就消极方面说，超脱现实，就是消愁遣闷，把乐观，热心，毅力都保持住，不让环境征服。在我国现在状况之下，谁晓得有多少失望者与悲观者？我很惭愧这篇文章不能把超脱现实的道理说得透彻，使他们感发兴起，但是我很希望享受过精神上的至乐的人多用工夫来宣传超脱现实的福音，来救济众生咧。

（原载于《学生杂志》10 卷 6 期，1923 年 4 月）

人文方面几类应读的书

百川先生：

　　暑中我因校事赴成都，最近回校才看到中周社转来黄梅先生的信，提议要我开一个为获得现代公民常识所必读的书籍目录。这很使我为难，一则我目前极忙，没有工夫仔细斟酌；二则我所学的偏重人文方面，对于社会科学和自然科学都是外行。读书不是一件死板的事，一个方单不能施诸人人而有效。各人的环境、天资、修养和兴趣都不能一笔抹杀。一个人在读书方面想有成就，明眼人的指导固大有裨益，自己的暗中摸索有时也不可少，因为失败的教训往往大于成功的。读者既然要求一个目录，我姑且就我的能力所及，随便谈谈几类应读的书籍，不过要特别声明：这是我个人的意见，只能供参考，不敢希望每个人都依照。

　　第一，我以为一个人第一件应该明确的是他本国的文化演进、社会变迁以及学术思想和文艺的成就。这并不一定是出于执古守旧的动机。要前进必从一个基点出发，而一个民族以往的成就即是它前进出发的基点。知道它的长处所在和短处所在，我们才能知道哪些东西应发挥光大，哪些应弥补改革，也才能知道它在全人类文化

163

中占何等位置，而我们自己如何对它有所贡献。我不是一个学历史者，但对于过去一切典籍，欢喜从历史的眼光去看。从前有"六经皆史"的说法，其实不只是六经，一切典籍所载都可以当作史迹看。史是人类活动进展的轨迹，它的功用在观今鉴古，继往以开来。我赞成多读中国古典和西方古典，都是根据这个观点。每种学问都有一个渊源，知道渊源才可以溯理流派。知道渊源固不是三五部书所可了事。但是渊源又有渊源，我们先从最基本的着手，然后逐渐扩充，便不至于没有根底。

　　回到了解中国固有文化的问题，中国向来传统教育所着重的大政并不错。中国中心思想无疑的是儒家，而儒家的渊源的渊源在《论语》《孟子》和"五经"，无论从思想或是从艺术的观点看，《论语》都是一部绝妙的书，可以终身咀嚼，学用不尽的。我从前很欢喜《世说新语》，为的是它所写的魏晋人风度和所载的隽词妙语。近来以风度语言的标准去看《论语》，觉得以《世说新语》较《论语》，真是小巫见大巫。《孟子》比较是耍偏锋，露棱角，但是说理文之犀利痛快，明白晓畅，后来却没有人能赶得上。"五经"之中，流品不齐，《书经》是最古的政治史料，《易经》是最古的解释自然的企图，《诗经》为中国纯文学之祖，《春秋》为中国编年史之祖，《礼记》较晚出，内容颇驳杂，但是儒家思想见于此经者反比他经为多，其中如《檀弓》《学记》《乐记》《儒行》《礼运》《大学》《中庸》诸篇，妙文至理，是任何读书人不应放过的。诸子之中，老庄荀墨家最重要，次可略览《韩非子》《列子》《淮南子》《吕氏春秋》。读先秦典籍不可不略通文字训诂：段玉裁的《说文解字注》最便于初学，王引之的《经传释词》颇有科学条理，亦可看。

要明白中国思想演进，佛典及宋元明理学都不可忽略，可惜我对此毫无研究，不敢多舌。我只能说，在佛典中我很爱读《六祖坛经》和《楞严经》，这也许是文人积习。在理学书籍中我觉得《近思录》和《传习录》很简便。史籍最浩繁，一般人可选读前四史，全读《资治通鉴》，遇重大事件翻阅《通鉴纪事本末》，遇重大问题翻阅《三通》。治一切学问都不可不明白史的背景，可惜我们至今没有一部完善的通俗的通史，近人张荫麟、钱穆诸君所编的各有特见，但都只能算是草创。文艺方面除着《楚辞》及陶杜诸集外，一般人可从选本入手。选本甚多，选者各有偏重，难得尽满人意。梁以前作品具见于《昭明文选》，这是选学之祖，诗文兼收，为治辞章者所必读。后来选本比较适用的，文推姚姬传的《古文辞类纂》；诗推王渔洋的《古今诗选》，王壬秋的《八代诗选》，沈归愚的《古诗源》和《唐宋诗醇》，曾国藩的《十八家诗钞》；词推《花间集》，张惠言《词选》和朱彊邨的《宋词三百首》；曲读《西厢记》《琵琶记》《桃花扇》及其他数种；小说读《水浒传》《红楼梦》及其他数种，对于一般人也就可知其梗概了。

在现代，一个人如果只读中国书，他的见解难免偏狭固陋，而且就是中国书也不一定能读得好。学术和其他事物一样，必以比较见优劣，必得新刺激才可产生新生命。读书人最低限度须通一种外国文，从翻译中窥外人文物思想，总难免隔靴搔痒，尤其是在现在我们的译品太少，而且大半不很可靠。

要明了一种文化，大约不外取两种程序。拿绘画来打比，或是先绘一个轮廓，然后点染枝节，由粗疏逐渐到细密；或是先累积枝节，逐渐造成一个轮廓，由日就月将而达到豁然贯通。这两种程序可以并行不悖，普通学者大半兼采这两个方法。治西方文史，为一般人说法，我主张偏重第一个方法。因为从枝节架轮廓，需要很长久的耐苦，如果枝节不够充实，所架成的轮廓也就一定不端正恰当。我们一般人对于西方文史所能花费的时间精力是有限的，想明白西方文化的轮廓，我们最好先读几部较好的历史。我们所感觉困难的是较好的历史大半是专史而不是通史。从史学观点看，韦尔斯的《世界史纲》（有中译）也许不很完善，但对于一般人却是一部好书。关于近代的，Fisher 的《欧洲通史》值得特别介绍。如果再求详尽精确，读者可参考 Lavisse 的《通史》（法文）和剑桥大学的《中世纪和近代欧洲史》。这都是权威著作，有很好的史籍目录可供采择。有时候小册书也很有用，比如谈古代欧洲的，像 Livingstone: *Greek Genius and Its Meaning to Us*；Lowes Dickenson:*Greek View of Life*；Warde-Fowler:*City-state in Grecce and Rome*，都非常好。

欧洲文化，大概地说，有三个重要来源：一是希腊的，科学哲学的思想和文艺作品都是后来的模范；一是希伯来的，宗教信仰大半是它的贡献；一是条顿的，继承希腊精神而发挥为近代科学与工商业文化。在这三个成分中，希腊文化最重要也最难了解，它的内容太丰富而且它离我们也太久远。我们最好先从文艺入手。希腊人最擅长的是造型艺术，雕刻尤其精妙，图画建筑和陶器次之。读者最好择一部希腊艺术史，仔细玩味原迹的照片或图形。从这中间他可领略一些希腊人的生活风味。再进一步他就应该读《荷马史诗》，希腊的社会人情风俗及人生理想可于此窥见一斑，再加上几部悲剧代表作，对于希腊人的印象就更明了了。在思想方面，柏拉图的对话集最好能全读，至少也应读《理想国》，这是用对话体写的。从古到今，没有一个哲学家能像柏拉图那样面面俱到，深入浅出，用极寻常而幽美的文字传极深奥的道理。要做一个循规蹈矩的哲学家，读柏拉图是最好的门径，要引起一点哲学的兴趣，训练一点哲学的头脑，读柏拉图也比读任何其他哲学家强。亚理斯多德比较干枯，但是很谨严细密，能把他的《伦理学》看一遍也很好。此外，我们可读晚出的普鲁塔克的《英雄传》。这是拿罗马伟人和希腊伟人对照的传记，可以见出那时代人物的生活和风格。罗马时代的著作无甚特创，不是专习文学哲学的人就把它完全丢开也无大妨碍。

希伯来的经典流行的只有一部《圣经》。这部书在西方的影响大概超过任何一部书。它分《旧约》《新约》两部分。《旧约》是犹太教的经典，大部分是犹太的历史和宗教家的训词，《新约》记耶稣生平言行及耶稣教传播的经过。一般人对《圣经》不必全读，《旧约》中读《创世纪》《出埃及记》《约伯传》《颂诗》数篇，《新约》中读任何一个《福音》也就够了。

中世纪常被人误认为“黑暗贫乏”，其实中世纪民众艺术，如雕刻、建筑、图画、诗歌、传奇之类是很光华灿烂的。读者可择看一部较详尽的艺术史（如 Michet 所著的），读一两部传奇（如《罗兰之歌》《亚瑟王传》之类），再加上一两部耶教大师的著作（如《圣奥古斯丁白传》之类），对于中世纪人的丰富的内心生活便可知其梗概。但丁是文艺复兴的初期大师，他的《神曲》不可不读。较软性的读物有薄伽丘的《十日谈》和塞万提斯的《堂吉诃德》。文艺复兴期的最具体的成就仍在造型艺术，读者可看 Vasari 的《艺人传》和 Beransen 的《意大利画》。

近代欧洲学术分野逐渐细密，著述也更浩繁，我们很不容易介绍几部书来代表一个时代。在思想方面，卢梭的影响最大，他的《自传》和《民约论》是了解近代欧洲的一个钥匙。正统派哲学家自然要推康德和他们的唯心派的继续人。但是他们的作品大半难读，一般读者如能去硬啃康德的《纯粹理性批判》和黑格尔的《逻辑学》固然顶好，否则看一两部较好的哲学史也可略见一斑（通行的有Rogers，Thilly，Weber，Windelband 所著的，都可用）。在文艺方面，各国都有特殊的造诣，一般读者要想面面俱到，实不可能，只能就他们所懂的文字和兴趣所偏重的去下功夫。那就成了专门学问，我们不能在这里介绍书目。我们为一般人说法，只能介绍几位登峰造极的作者，比如说，一个普通读者如能就莎士比亚的剧本，莫利哀的喜剧，歌德的诗文集，易卜生的剧本，屠格涅夫、托尔斯泰、陀思妥耶夫斯基诸人的小说集中各选读三数种，也就很可观了。

社会科学和自然科学非本文范围所及。但有几部虽为科学专著而已成古典的书籍不能不约略提及，例如达尔文的《物种起源》，亚当·斯密的《原富》，穆勒的《群己权界论》，里波、詹姆斯和弗洛伊德的心理学著作，马克思的《资本论》，佛来柔的《金牛》（Frager: *Golden Bough*），都有很广泛的读者，并不限于专门家。

本文匆匆写就，可议的地方自知甚多。但是我相信，如果读者将这寥寥数十部书仔细读过，他对于人类文化的了解不会很错误。我希望关于社会科学和自然科学的书籍另有知道清楚的人去拟一个目录。

如果你觉得这信对于读者有若干帮助，即请借贵刊披露，并以答黄梅先生。

（原载于《中央周刊》5 卷 4 期，1942 年 9 月）

再谈青年与恋爱结婚

——答王毅君

《中央周刊》编辑先生：

承转示王毅君一文，已细读。我很感谢王毅君站在青年人的立场对于我的《谈青年与恋爱结婚》一文表示异议。我的是一个看法，他不否认；他的是一个看法，我也不否认。我无暇详辩，只提出两点作答：

一、王毅君似没有把原文看清楚，有断章取义之嫌。我没有权，更没有理由要"压制"青年人的爱情，我一再申明我"不反对男女青年的正常交接""在男女社交公开中，遇恋爱自然很可能"，我只说青年人有不适宜于性爱的理由，但我也承认现代青年所受的性生活影响不很健康，想他们不在性爱上劳心焦思是很难能。我提出两种自然的方法引导青年撇开恋爱和结婚的路，一是精力有所发挥，二是同情心得到滋养。这两层做到了，他们虽有"遇"恋爱的可能，却无"谋"恋爱的必要。我赞成"遇"，不赞成"谋"，也不赞成"压制"。

二、我也很知道，劝青年人不恋爱，有些不合时宜，不免引起他们"苦痛的迷惘"，甚至"顽皮的抗议"。但是我终于说出这一番不中听的话，也有一片苦口婆心。我觉得恋爱结婚是生物的事实，也是社会的事实，就要用生物学、社会学和连带的心理学的观点去看，不应带有浪漫或神秘的意味，而现代中国青年的恋爱观仍不免是浪漫的、神秘的；他们醉梦于十九世纪歌颂恋爱的一套理论中，而不知其已不适宜于现代生活。现代西方青年已比较地能够不从诗的幻梦而从科学的冷眼去看恋爱了。我相信这是必有的演变。中国青年迟早自然也会觉醒。觉醒到什么呢？结婚是为传种，恋爱是结婚的准备；最适宜的恋爱期是最适宜的结婚期，最适宜的结婚期是身心发育完全而能力足以教养子女的时期。恋爱结婚是一种义务而不是一种可作为娱乐的把戏。中国古时男子三十而娶，近代西方人大致也是如此，也正因为这是身心发育完全而能力足以教养子女的年龄，所以我以为三十岁左右讲恋爱，准备结婚，比较适当。

王毅君主张青年人应当恋爱的理由是"爱上一位小姐，所以在功课上特别想出风头，生活也紧张，衣冠也整齐了，行事也不随便了"。这也许是事实，但是我因而联想到原始社会的人敬神和敬神的影响仿佛相似，甚至于敬神的心理动机也很相似。王君的恋爱观应该过去，犹如神道设教的社会应该过去是同一个道理。世间没有神，没有神仙似的人，我们应该仍然有理由，而且有方法，去做好人。

（原载于《中央周刊》5卷28期，1943年2月）

音乐与教育

　　柏拉图写过一个长篇对话，叫作《理想国》，讨论理想的政治和教育。他知道要一个国家的政治合于理想，先要使它的教育合于理想，所以他费了大半篇幅谈"理想国"的统治阶级应该受什么样一种训练。他所定的课程异常简单。一个人在二十岁以前只消有两种教育工具，一是体操，一是音乐。至于我们现在的学校里许多功课，像史地、理化、数学、社会科学、哲学、外国文之类，他或是完全不讲，或是摆在二十岁以后的课程里。他的教育主张，在现代人看来，像很奇怪。可是如果你丢开成见，细心去想一想，你也许会佩服希腊人的思想，和他们的艺术一样，简单虽然简单，深刻却是深刻。体操讲究好了，身体可以健全；音乐讲究好了，心灵可以和谐。身心两方面都达到理想的状态，还愁有什么学不好或是做不好？身心是基本，我们近代人基本不注意，只在一些肤浅的知识上做功夫，反自以为聪明。许多祸害似都由此起。我们急须回头猛省。

　　我在另一篇文章里已谈过体育的重要，现在专谈音乐。

　　音乐是一种最原始最普遍的艺术。飞禽走兽大半都欢喜歌唱，在歌唱中，它们表现生命的富裕和欢乐，同时，它们借歌舞把在生活中所领略得的乐趣传给同类，引起交感共鸣。歌唱在一般动物社会中是一种团结的原动力，它们没有文化传统和制度组织，但是它们一呼百应，一唱百和，全靠这一点声音上的感通。人类在原始阶段也还保持着这本能的音乐嗜好。没有一个原始民族不欢喜歌舞，小孩在个人生命史上相当于原始民族在种族生命史上，欢喜歌舞仍然是天性。人类到了开化以后，小孩到了成年以后，往往逐渐丧失音乐的嗜好，高兴时不放着嗓子唱一曲歌，颓唐时也不拿一种乐器来弹奏一番，哀乐全闷在心里，而且一个人关起来纳闷，生气因之萧索，同情也因之冷淡。这是一个极严重的损失，而且是违反自然本性的。对于这种现象的造成，教育家们要负一大部分责任，他们丢开了人类一个最强烈的本能，一个最有力的教育工具，不去利用。假如他们知道利用，音乐的力量要超出任何学问训练之上。

何以故呢？音乐不仅是最原始最普遍的艺术，而且是最完美的艺术，可以普及深入一般民众，从根本上陶冶人的性格。在其他艺术，实质与形式多少可以分别出来，了解实质与了解形式可以分为两事，音乐却完全融化实质与形式的分别，实质即形式，形式亦即实质，内外一致，天衣无缝。所以音乐达到了艺术的最高理想。如果美育是教育中一项要目，美育的最好工具就应该是音乐。音乐虽是顶完美的，却不能算是最困难的艺术。叔本华说得最清楚，一般艺术都须借意象来表现，例如文学所用的语文意义，图画所用的形色光影；音乐则为意志的直接外射，用不着凭借意象。所以了解其他艺术，我们须假道于理智，比如说，不懂得语文意义，就无从了解文学；音乐则表现最直接，感动也最直接，我们接受声音的刺激，生理上马上就起反响，用不着理智的分析。中国人不一定能了解外国的文学，但是多少可以受外国音乐的感动，因为没有语文的障碍。小孩子和乡下文盲尽管不能读书明理，也多少可以欣赏成年人和音乐家的唱歌奏乐，因为没有知识经验的障碍。音乐是纯从感官打动人心的，耳里听到，心里就起哀乐共鸣。这件事实可以解释音乐的普及性，也可以解释它的深入性。如果要教育的力量普及而又深入，舍音乐还有什么其他途径呢？

音乐对于人生至少有三重大功用。

第一是表现。情感思想都需要发扬宣泄。我们都知道在欢喜时大笑一场，在悲哀时痛哭一场，是一件畅快事。严守一个秘密，心里才感觉不舒服；尤其是感情不能压抑，压抑便引起冲突和苦痛。依近代心理学看，许多精神病都是情感不得宣泄的结果。表现在生气的洋溢。一个人或一个民族到了不需要艺术的表现时，那只有两种可能：一是生气萎竭，一是生气受不了自然的歪曲，向不正常不健康的路途发泄。所以给生气以正常的康健的表现，也就是培养生气。音乐的表现是最正常的康健的表现，因为它是人类的普遍的嗜好，而同时它的命脉在和谐。亚理斯多德在《政治学》里谈到古希腊人用一种音乐医精神病。有一种癫狂病，医治的方法是叫病人听一种音乐，听了几回他的情感上的脓疱化消了，病就自然好了。亚里斯多德把音乐的这种功能叫作 katharsis，这字含有"发散"和"净化"两个意义。音乐对于人的情感不仅能"发散"而且能"净化"，就因为它本身是和谐，对于人的心灵自然能产生和谐的影响。我们有听音乐经验的人都知道在凝神静听之后，全体筋肉脉搏都经过一番和谐的震荡，心灵仿佛在困倦之后洗过一回澡，汗垢尽去，血液畅通，有心旷神怡之乐。如果我们不仅是欣赏，自己能歌唱弹奏，除了这种生气洋溢的乐趣以外，我们还可以得到人生最大的快慰，成就一种作品的感觉。我们创造了一个可欣赏的世界，替人类开辟了一种愉悦的泉源，意识到这种力量，就如同创世主在第七天的神情。人能多尝这种创造的快慰，人生便显得华严，而人的品格也就自然会高贵。

其次是感动。音乐直接打动感官，引起生理的反应，所以感人最普及而深入。这道理在上文已说过。中西神话和历史上都有不少的关于音乐感动力的传说。城市有借音乐造成的，也有借音乐毁倒的；胜仗有用音乐打来的，重围有用音乐解去的；美人有借音乐取得的，深交有因音乐结成的；名著有从音乐引起思致的，至道有借音乐证成的。瓠巴鼓琴，游鱼出听，据近代生理学家的实验，对牛弹琴，也并非毫无影响。人类情感有许多花样，每种花样在脉搏呼吸和筋肉运动上都有一个特殊的节奏，特殊的模型。音乐的抑扬顿挫，长短急舒，往往与这种节奏和模型相称。某一种乐调在生理上激起某一种节奏和模型，就引起某一种情调。所以在听音乐时，实在有两种乐调在进行。一是外在的，耳朵听的；一是内在的，听者身体在无意中所表演的。人类生理构造大致相同，所以一个乐调可以在无数听者的心弦上引起交感共鸣。音乐是极强烈的同情媒介，也就因为这个缘故。我们如果想尝广大同情的味道，最好在稠人广众中听音乐。乐声作时，全体听众屏息肃然静听，无论尊卑老幼，乐就都乐，哀就都哀，霎时间不独人我之见泯除净尽，即传统习俗所积累成的层层枷锁也一齐丢开，我们在霎时间回到自由的原始人，沉没到浑然一体的大我。音乐使我们畅快，四围许多人都同时在分享我的感觉，意识到这一点，我们更加畅快。这里没有分别界限，没有恩仇迎拒，我们同是一个阳光煦育的兄弟姊妹，我们皆大欢喜。要群众团结一气，最有效的媒介只有音乐。

第三是感化。感动是暂时的，感化是久远的。音乐由感动至感化，因为它的和谐浸润到整个身心，成为固定的模型（pattern），习惯成为自然，身心的活动也就处处不违背和谐的原则。内心和谐，则一切不和谐的卑鄙龌龊的念头自无从发生，表现于行为的也自从容中节。中国先儒以礼乐立教，就为明白了这个道理。乐的精神在和谐，礼的精神在秩序，这两者中间，乐更是根本的，因为内和谐外自然有秩序，没有和谐做基础的秩序就成了呆板形式，没有灵魂的躯壳。内心和谐而生活有秩序，一个人修养到这个境界，就不会有疵可指了。谈到究竟，德育须从美育上做起。道德必由真性情的流露，美育怡情养性，使性情的和谐流露为行为的端正，是从根本上做起。唯有这种修养的结果，善与美才能一致。明白这个道理，我们就会明白孔子谈政教何以那样重诗乐。诗与乐原来是一回事，一切艺术精神原来也都与诗乐相通。孔子提倡诗乐，犹如近代人提倡美育。他说："诗可以兴，可以观，可以群，可以怨。"又说："温柔敦厚，诗教也。"都是看到了诗乐对于情感教育的重要。他不但把诗乐认为教育的基础，而且把它们认为政治的基础，实在政教是不能分离的，世间安有无教之政呢？近代人舍教而言政，只见得他们愚昧。"颜渊问为邦。子曰，乐则韶舞，放郑声，远佞人。"远佞人还在放郑声之次，我们现在只知道厌恶佞人，其实还有比这更重要的事务——音乐教育。音乐教育上了轨道，佞人也许就不会存在，而政治也不会不修明了。

一个民族的性格常表现于音乐，最显著的是中西音乐的分别。西方音乐偏于阳刚，使听者发扬蹈厉；中国音乐偏于阴柔，使听者沉潜肃穆。这各有所长，我们用不着偏袒。我们所最忧虑的是我国一般民众，尤其是士大夫阶级，大半没有真正的音乐的嗜好。这似乎表现了民族精神的衰落。我个人认为人心的污浊与社会的腐败都种根于此。我每想起柏拉图的教育主张，就深深感觉到我国目前教育须有一个彻底的改革。我们必须普及音乐教育，尤其是要把国乐本身大加一番整理洗刷。这不是宣传可以了事。但是制礼作乐是盛业也是美名，容易被宣传者当作一种口号呐喊了事。这是我草此文时心里所栗栗危惧的。大家须拿出一副极严肃的态度来应付这问题，前途才有希望。

（原载于《中学生》杂志第 65 期，1943 年 7 月）

谈谦虚

　　说来说去，做人只有两桩难事，一是如何对付他人，一是如何对付自己。这归根还只是一件事，最难的事还是对付自己，因为知道如何对付自己，也就知道如何对付他人，处世还是立身的一端。

　　自己不易对付，因为对付自己的道理有一个模棱性，从一方面看，一个人不可无自尊心，不可无我，不可无人格。从另一方面看，他不可有妄自尊大心，不可执我，不可任私心成见支配。总之，他自视不宜太小，却又不宜太大，难处就在调剂安排，恰到好处。

　　自己不易对付，因为不容易认识，正如有力不能自举，有目不能自视。当局者迷，旁观者清。我们对于自己是天生成的当局者而不是旁观者，我们自囿于"我"的小圈子，不能跳开"我"来看世界，来看"我"，没有透视所必需的距离，不能取正确观照所必需的冷静的客观态度，也就生成地要执迷，认不清自己，只任私心、成见、虚荣、幻觉种种势力支配，把自己的真实面目弄得完全颠倒错乱。我们像蚕一样，作茧自缚，而这茧就是自己对于自己所错认出来的幻象。真正有自知之明的人实在不多见。"知人则哲"，自知或许是哲以上的事。"知道你自己"一句古训所以被称为希腊人最高智慧的结晶。

"知道你自己"，谈何容易！在日常自我估计中，道理总是自己的对，文章总是自己的好，品格也总是自己的高，小的优点放得特别大，大的弱点缩得特别小。人常"阿其所好"，而所好者就莫过于自己。自视高，旁人如果看得没有那么高，我们的自尊心就遭受了大打击，心中就结下深仇大恨。这种毛病在旁人，我们就马上看出，在自己，我们就熟视无睹。

希腊神话中有一个故事。一位美少年纳西司（Narcissus）自己羡慕自己的美，常伏在井栏上俯看水里自己的影子，愈看愈爱，就跳下去拥抱那影子，因此就落到井里淹死了。这寓言的意义很深永。我们都有几分"纳西司病"，常因爱看自己的影子堕入深井而不自知。照镜子本来是好事，我们对于不自知的人常加劝告："你去照照镜子看！"可是这种忠告是不聪明的，他看来看去，还是他自己的影子，像纳西司一样，他愈看愈自鸣得意，他的真正面目对于他自己也就愈模糊。他的最好的镜子是世界，是和他同类的人。他认清了世界，认清了人性，自然也就会认清自己，自知之明需要很深厚的学识经验。

德尔斐神谕宣示希腊说：苏格拉底是他们中间最大的哲人，而苏格拉底自己的解释是：他本来和旁人一样无知，旁人强不知以为知，他却明白自己的确无知，他比旁人高一着，就全在这一点。苏格拉底的话老是这样浅近而深刻，诙谐而严肃。他并非说客套的谦虚话，他真正了解人类知识的限度。"明白自己无知"是比得上苏格拉底的那样哲人才能达到的成就。有了这个认识，他不但认清了自己，多少也认清了宇宙。孔子也仿佛有这种认识。他说，"吾有知乎哉，无知也。"他告诉门人："知之为知之，不知为不知，是知也。"所谓"不知之知"正是认识自己所看到的小天地之外还有无边世界。

这种认识就是真正的谦虚。谦虚并非故意自贬身价，作客套应酬，像虚伪者所常表现的假面孔；它是起于自知之明，知道自己所已知的比起世间所可知的非常渺小，未知世界随着已知世界扩大，愈前走发现天边愈远。他发现宇宙的无边无底，对之不能不起崇高雄伟之感，反观自己渺小，就不能不起谦虚之感。谦虚必起于自我渺小的意识，谦虚者的心目中必有一种为自己所不知不能的高不可攀的东西，老是要抬着头去望它。这东西可以是全体宇宙，可以是圣贤豪杰，也可以是一个崇高的理想。一个人必须见地高远，"知道天高地厚"才能真正地谦虚，不知道天高地厚的人就老是觉得自己伟大，海若未曾望洋，就以为"天下之美尽在己"。谦虚有它消极方面，就是自我渺小的意识；也有它积极方面，就是高远的瞻瞩与恢阔的胸襟。

看浅一点，谦虚是一种处世哲学。"人道恶盈而喜谦"，人本来没有可盈的时候，自以为盈，就无法再有所容纳，有所进益。谦虚是知不足，知不足然后能自强。一切自然节奏都是一起一伏。引弓欲张先弛，升高欲跳先蹲，谦虚是进取向上的准备。老子譬道，常用谷和水。"谷神不死""旷兮其若谷""上善若水""天下莫柔弱于水而攻坚强者莫之能胜"。谷虚所以有容，水柔所以不毁。人的谦虚可以说是取法于谷和水，它的外表虽是空旷柔弱，而它的内在的力量却极刚健。大易的谦卦六艾皆吉。作易的人最深知谦的力量，所以说，"谦尊而光，卑而不可逾"。道家与儒家在这一点认识上是完全相同的。这道理好比打太极拳，极力求绵软柔缓，可是"四两拨千斤"，极强悍的力士在这轻推慢挽之前可以望风披靡。古希腊的悲剧作者大半是了解这个道理的，悲剧中的主角往往以极端的倔强态度和不可以倔强胜的自然力量（希腊人所谓神的力量）搏斗，到收场时一律被摧毁，悲剧的作者拿这些教训在观众心中引起所谓"退让"（resignation）情绪，使人恍然大悟在自然大力之前，人是非常渺小的，人应该降下他的骄傲心，顺从或接受不可抵制的自然安排。这思想在后来耶稣教中也很占势力。近代科学主张"以顺从自然去征服自然"，道理也是如此。

看深一点，谦虚是一种宗教情绪。这道理在上文所说的希腊悲剧中已约略可见。宗教都有一个被崇拜的崇高的对象，我们向外所呈献给被崇拜的对象是虔敬，向内所对待自己的是谦虚。虔敬和谦虚是宗教情绪的两方面，内外相应相成。这种情绪和美感经验中的"崇高意识"（sense of the sublime）以及一般人的英雄崇拜心理是相同的。我们突然间发现对象无限伟大，无形中自觉此身渺小，于是栗然生畏，肃然起敬，但是惊心动魄之余，就继以心领神会，物我交融，不知不觉中把自己也提升到那同样伟大的境界。对自然界的壮观如此，对伟大的英雄如此，对理想中所悬的全知全能的神或尽善尽美的境界也是如此。在这种心境中，我们同时感到自我的渺小和人性的尊严，自卑和自尊打成一片。

我们姑拿两首人人皆知的诗来说明这个道理。一是陈子昂的"前不见古人，后不见来者，念天地之悠悠，独怆然而泪下"！一是杜甫的"侧身天地常怀古，独立苍茫自咏诗"。我们试玩味两诗所表现的心境。在这种际会，作者还是觉得上天下地，唯我独尊，因而踌躇满志呢？还是四顾茫茫，发现此身渺小而恍然若有所失呢！这两种心境在表面上是相反的，而在实际上却并行不悖，形成哲学家们所说的"相反者之同一"。在这种际会，骄傲和谦虚都失去了它们的寻常意义，我们骄傲到超出骄傲，谦虚到泯没谦虚。我们对庄严的世相呈献虔敬，对蕴藏人性的"我"也呈献虔敬。

有这种情绪的人才能了解宗教，释迦和耶稣都富于这种情绪，他们极端自尊也极端谦虚。他们知道自尊必从谦虚做起，所以立教特重谦虚。佛家的大戒是"我执""我谩"。佛家的哲学精义在"破我执"。佛徒在最初时期都须以行乞维持生活，所以叫作"比丘"。行乞是最好的谦虚训练。耶稣常溷身下层阶级，一再告诫门徒说："凡自己谦卑像这小孩的，他在天国里就是最大的。""你们中间谁为大，谁就要做你们的用人，自高的必降为卑，自卑的必升为高。"这教训在中世纪发生影响极大，许多僧侣都操贱役，过极刻苦的生活，去实现谦卑（humiliation）的理想，圣佛兰西斯是一个很美的例证。

耶佛和其他宗教都有膜拜的典礼，它的意义深可玩味。在只是虚文时，它似很可鄙笑；在出于至诚时，它却是虔敬和谦虚的表现，人类可敬的动作就莫过于此。人难得弯下这个腰杆，屈下这双膝盖，低下这颗骄傲的心，在真正可尊敬者的面前"五体投地"。有一次我去一个法会听经，看见皈依的信士们进来时恭恭敬敬地磕一个头，出去时又恭恭敬敬地磕一个头。我很受感动，也觉得有些尴尬。我所深感惭愧的倒不是人家都磕头而我不磕头，而是我的衷心从来没有感觉到有磕头的需要。我虽是愚昧，却明白这足见性分的浅薄。我或是没有脱离"无明"，没有发现一种东西叫我敬仰到须向它膜拜的程度；或是没有脱离"我谩"。虽然发现了可膜拜者而仍以膜拜为耻辱。

"我谩"就是骄傲，骄傲是自尊情操的误用。人不可没有自尊情操，有自尊情操才能知耻，才能有所谓荣誉意识（sense of honour），才能有所为有所不为，也才能发奋向上。孔子说"知耻近乎勇"，和《学记》的"知不足然后能自强"，《易经》的"谦尊而光，卑而不可逾"两句名言意义骨子里相同。近代心理学家阿德勒（Adler）把这个道理发挥得最透辟。依他看，我们有自尊心，不甘居下流，所以发现了自己的缺陷，就引以为耻，在心理形成所谓"卑劣结"（inferiority complex），同时激起所谓"男性的抗议"（masculine protest），要努力弥补缺陷，消除卑劣，来显出自己的尊严。努力的结果往往不但弥补缺陷，而且所达到的成就反比本来没有缺陷的更优越。希腊的德摩斯梯尼斯本来口吃，不甘心受这缺陷的限制，发愤练习演说，于是成为最大的演说家，中国孙子因膑足而成兵法，左丘明因失明而成《国语》，司马迁因受宫刑而作《史记》，道理也是如此。阿德勒所谓"卑劣结"其实就是谦虚，"知耻"，或"知不足"；他的"男性抗议"就是"自强""近乎勇"或"卑而不可逾"。从这个解释，我们也可以看出谦虚与自尊心不但并不相反，而且是息息相通。真正有自尊心者才能谦虚，也才能发奋为雄。"尧，人也，舜，人也，有为者亦若是"，在做这种打算时，我们一方面自觉不如尧舜，那就是谦虚，一方面自觉应该如尧舜，那就是自尊。

骄傲是自尊情操的误用，是虚荣心得到廉价的满足。虚荣心和幻觉相连，有自尊而无自知。它本来起于社会本能——要见好于人；同时也带有反社会的倾向，要把人压倒，它的动机在好胜而不在向上，在显出自己的荣耀而不在理想的追寻。虚荣加上幻觉，于是在人我比较中，我们比得胜固然自骄其胜，比不胜也仿佛自以为胜，或是丢开定下来的标准，另寻自己的胜处。我们常暗地盘算：你比我能干，可是我比你有学问；你干的那一行容易、地位低、不重要，我干的才是真正了不起的事业；你的成就固然不差，可是如果我有你的地位和机会，我的成就一定比你更好。总之，我们常把眼睛瞟着四周的人，心里做一个结论："我比你强一点！"于是伸起大拇指，洋洋自得，并且期望旁人都甘拜下风，这就是骄傲。人之骄傲，谁不如我？我以压倒你为快，你也以压倒我为快。无论谁压倒谁，妒忌、忿恨、争斗以及它们所附带的损害和苦恼都在所不免。人与人，集团与集团，国家与国家，中间许多灾祸都是这样酿成的。"礼至而民不争"，礼之端就是辞让，也就是谦虚。

欢喜比照人己而求己比人强的人大半心地窄狭，谩世傲物的人要归到这一类。他们昂头俯视一切，视一切为"卑卑不足道""望望然去之"。阮籍能为青白眼，古今传为美谈。这种谩世傲物的态度在中国向米颇受人重视。从庄子的"让王"类寓言起，经过魏晋清谈，以至后世对于狂士和隐士的崇拜，都可以表现这种态度的普遍。这仍是骄傲在作祟。在清高的烟幕之下藏着一种颇不光明的动机。"人都龌龊，只有我干净"（所谓"世人皆浊我独清"），他们在这种自信或幻觉中酣醉而陶然自乐。熟看《世说新语》，我始而羡慕魏晋人的高标逸致，继而起一种强烈的反感，觉得那一批人毕竟未闻大道，整天在臧否人物，自鸣得意，心地毕竟局促。他们忘物而未能忘我，正因其未忘我而终亦未能忘物，态度毕竟是矛盾。魏晋人自有他们的苦闷，原因也就在此。"人都龌龊，只有我干净。"

这看法或许是幻觉，或许是真理。如果它是幻觉，那是妄自尊大；如果它是真理，就引以自豪，也毕竟是小气。孔子、释迦、耶稣诸人未尝没有这种看法，可是他们的心理反应不是骄傲而是怜悯，不是遗弃而是援救。长沮、桀溺说："滔滔者天下皆是，而谁以易之。"孔子说："鸟兽不可与同群，吾非斯人之徒之与而谁与？"这是漫世傲物者与悲天悯人者在对人对己的态度上的基本分别。

人生本来有许多矛盾的现象，自视愈大者胸襟愈小，自视愈小者胸襟愈大。这种矛盾起于对于人生理想所悬的标准高低。标准悬得愈低，愈易自满，标准悬得愈高，愈自觉不足。虚荣者只求胜过人，并不管所拿来和自己比较的人是否值得做比较的标准。只要自己显得是长子，就在矮人国中也无妨。孟子谈交友的对象，分出"一乡之善士""一国之善士""天下之善士""古之人"四个层次。我们衡量人我也要由"一乡之善士"扩充到"古之人"。大概性格愈高贵，胸襟愈恢阔，用来衡量人我的尺度也就愈大，而自己也就显得愈渺小。一个人应该有自己渺小的意识，不仅是当着古往今来的圣贤豪杰的面前，尤其是当着自然的伟大，人性的尊严和时空的无限。你要拿人比自己，且抛开张三李四，比一比孔子、释迦、耶稣、屈原、杜甫、米开朗琪罗、贝多芬或是爱迪生！且抛开你的同类，比一比太平洋、大雪山、诸行星的演变和运行，或是人类知识以外的那一个茫茫宇宙！在这种比较之后，你如果不为伟大崇高之感所撼动而俯首下心，肃然起敬，你就没有人性中最高贵的成分。你如果不盲目，看得见世界的博大，也看得见世界的精微，你想一想，世间哪里有临到你可凭以骄傲的？

在见道者的高瞻远瞩中，"我"可以缩到无限小，也可以放到无限大。在把"我"放到无限大时，他们见出人性的尊严；在把"我"缩到无限小时，他们见出人性在自己小我身上所实现的非常渺小。这两种认识合起来才形成真正的谦虚。佛家法相一宗把叫作"我"的肉体分析为"扶根尘"，和龟毛兔角同为虚幻，把"我"的通常知见都看成幻觉，和镜花水月同无实在性。这可算把自我看成极渺小。可是他们同时也把宇宙一切，自大地山河以至玄理妙义，都统摄于圆湛不生灭妙明真心，万法唯心所造，而此心却为我所固有，所以"明心见性""即心即佛"。这就无异于说，真正可以叫作"我"的那种"真如自性"还是在我，宇宙一切都由它生发出来，"我"就无异于创世主。这对于人性却又看得何等尊严！不但宗教家，哲学家像柏拉图、康德诸人大抵也还是如此看法。我们先秦儒家的看法也不谋而合。儒本有"柔懦"的意义，儒家一方面继承"一命而偻，再命而伛，三命而俯，循墙而走"那种传统的谦虚恭谨，一方面也把"我"看成"与天地合德"。他们说："返身而诚，万物皆备于我矣。""能尽人之性，则能尽物之性；能尽物之性，则可以赞天地之化育，与天地参矣。"他们拿来放在自己肩膀上的责任是"为天地立心，为生民立命，为往圣继绝学，为万世开太平"。这种"顶天立地，继往开来"的自觉是何等尊严！

意识到人性的尊严而自尊，意识到自我的渺小而白谦，自尊与自谦合一，于是法天行健，自强不息，这就是《易经》所说的"谦尊而光，卑而不可逾"。

（原载于《当代文艺》第 1 卷第 2 期，1944 年 2 月）

看戏与演戏
——两种人生理想

莎士比亚说过，世界只是一个戏台。这话如果不错，人生当然也只是一部戏剧。戏要有人演，也要有人看：没有人演，就没有戏看；没有人看，也就没有人肯演。演戏人在台上走台步，做姿势，拉嗓子，嬉笑怒骂，悲欢离合，演得酣畅淋漓，尽态极妍；看戏人在台下呆目瞪视，得意忘形，拍案叫好，两方皆大欢喜，欢喜的是人生然是热闹，至少是这片刻光阴不曾空过。

世间人有生来是演戏的，也有生来是看戏的。这演与看的分别主要在如何安顿自我上面见出。演戏要置身局中，时时把"我"抬出来，使我成为推动机器的枢纽，在这世界中产生变化，就在这产生变化上实现自我；看戏要置身局外，时时把"我"搁在旁边，始终维持一个观照者的地位，吸纳这世界中的一切变化，使它们在眼中成为可欣赏的图画，就在这变化图画的欣赏上面实现自我。因为有这个分别，演戏要热要动，看戏要冷要静。打起算盘来，双方各有盈亏：演戏人为着饱尝生命的跳动而失去流连玩味，看戏人为着玩味生命的形象而失去"身历其境"的热闹。能入与能出，"得其圈中"与"超以象外"，是势难兼顾的。

这分别像是极平凡而琐屑，其实却含着人生理想这个大问题的大道理在里面。古今中外许多大哲学家，大宗教家和大艺术家对于人生理想费过许多摸索，许多争辩，他们所得到的不过是三个不同的简单的结论：一个是人生理想在看戏，一个是它在演戏，一个是它同时在看戏和演戏。

先从哲学说起。

中国主要的固有的哲学思潮是儒道两家。就大体说，儒家能看戏而却偏重演戏，道家根本藐视演戏，会看戏而却也不明白地把看戏当作人生理想。看戏与演戏的分别就是《中庸》一再提起的知与行的分别。知是道问学，是格物穷理，是注视事物变化的真相；行是尊德行，是修身齐家治国平天下，是在事物中起变化而改善人生。前者是看，后者是演。儒家在表面上同时讲究这两套功夫，他们的祖师孔子是一个实行家，也是一个艺术家。放下他着重礼乐诗的艺术教育不说，就只看下面几段话：

> 子在川上曰，逝者如斯夫，不舍昼夜！
>
> 鸢飞戾天，鱼跃于渊，言其上下察也。
>
> 天何言哉，天何言哉！四时行焉，百物生焉！
>
> 今夫天，斯昭昭之多，及其无穷也，日月星辰系焉，万物覆焉；今夫地，一撮土之多，及其广厚，载华岳而不重，振河海而不泄，万物载焉。

对于自然奥妙的赞叹，我们就可以看出儒家很能做阿波罗式的观照，不过儒家究竟不以此为人生的最终目的，人生的最终目的在行，知不过是行的准备。他们说得很明白："物格而后知至，知至而后意诚，意诚而后心正，心正而后身修"，以至于家齐国治天下平。"自明诚，谓之教"，由知而行，就是儒家所着重的"教"。孔子终身周游奔走，"三月无君，则皇皇如也"，我们可以想见他急于要扮演一个角色。

道家老庄并称。老子抱朴守一，法自然，尚无为，持清虚寂寞，观"众妙之门"，玩"无物之象"，五千言大半是一个老于世故者静观人生物理所得到的直觉妙谛。他对于宇宙始终持着一个看戏人的态度。庄子尤其是如此。他齐是非，一生死，逍遥于万物之表，大鹏与鷃鱼，姑射仙人与庖丁，物无大小，都触目成像，触心成理，他自己却"凄然似秋，暖然似春"，哀乐毫无动于衷。他得力于他所说的"心齐"；"心齐"的方法是"若一志，无听之以耳，而听之以心"，它的效验是"虚室生白，吉祥止止"。他在别处用了一个极好的譬喻说："至人之用心若镜，不将不逆，应而不藏"。从这些话看，我们可以看出老子所谓"抱朴守一"，庄子所谓"心齐"，都恰是西方哲学家与宗教家所谓"观照"（contemplation）与佛家所谓"定"或"止观"。不过老庄自己虽在这上面做功夫，却并不想以此立教，或是因为立教仍是有为，或是因为深奥的道理可亲证而不可言传。

在西方，古代及中世纪的哲学家大半以为人生最高目的在观照，就是我们所说的以看戏人的态度体验事物的真相与真理。头一个人明白地作这个主张的是柏拉图。在《会饮》那篇熔哲学与艺术于一炉的对话里，他假托一位女哲人传心灵修养递进的秘诀。那全是一种分期历程的审美教育，一种知解上的冒险长征。心灵开始玩索一朵花，一个美人，一种美德，一门学问，一种社会文物制度的殊相的美，逐渐发现万事万物的共相的美。到了最后阶段，"表里精粗无不到"，就"一旦豁然贯通"，长征者以一霎时的直觉突然看到普涵普盖，无始无终的绝对美——如佛家所谓"真如"或"一真法界"——他就安息在这绝对美的观照里，就没有入这绝对美里而与它合德同流，就借分享它的永恒的生命而达到不朽。这样，心灵就算达到它的长征的归宿，一滴水归原到大海，一个灵魂归原到上帝，柏拉图的这个思想支配了古代哲学，也支配了中世纪耶稣教的神学。

柏拉图的高足弟了亚理斯多德在《伦理学》里想矫正师说，却终于达到同样的结论。人生的最高目的是至善，而至善就是幸福。幸福是"生活得好，做得好"。它不只是一种道德的状态，而是一种活动；如果只是一种状态，它可以不产生什么好结果，比如说一个人在睡眠中；唯其是活动，所以它必见于行为。"犹如在奥林匹克运动会中，夺锦标的不是最美最强悍的人，而是实在参加竞争的选手。"从这番话看，亚理斯多德似主张人生目的在实际行动。但是在绕了一个大弯子以后，到最后终于说，幸福是"理解的活动"，就是"取观照的形式的那种活动"，因为人之所以为人在他的理解方面，理解是人类最高的活动，也是最持久、最愉快、最无待外求的活动。上帝在假设上是最幸福的，上帝的幸福只能表现于知解，不能表现于行动。所以在观照的幸福中，人类几与神明比肩。说来说去，亚理斯多德仍然回到柏拉图的看法：人生的最高目的在看而不在演。

在近代德国哲学中，这看与演的两种人生观也占了很显著的地位。整个的宇宙，自大地山河以至于草木鸟兽，在唯心派哲学家看，只是吾人知识的创造品。知识了解了一切，同时就已创造了一切，人的行动当然也包含在内。这就无异于说，世间一切演出的戏都是在看戏人的一看之中成就的，看的重要可不言而喻。叔本华在这一"看"之中找到悲惨人生的解脱。据他说，人生一切苦恼的源泉就在意志，行动的原动力。意志起于需要或缺乏，一个缺乏填起来了，另一个缺乏就又随之而来，所以意志永无餍足的时候。欲望的满足只"像是扔给乞丐的赈济，让他今天赖以过活，使他的苦可以延长到明天"。这意志虽是苦因，却与生俱来，不易消除，唯一的解脱在把它放射为意象，化成看的对象。意志既化成意象，人就可以由受苦的地位移到艺术观照的地位，于是罪孽苦恼变成庄严幽美。"生命和它的形象于是成为飘忽的幻象掠过他的眼前，犹如轻梦掠过朝睡中半醒的眼，真实世界已由它里面照耀出来，它就不再能蒙昧他。"换句话说，人生苦恼起于演，人生解脱在看。尼采把叔本华的这个意思发挥成一个更较具体的形式。他认为人类生来有两种不同的精神，一是日神阿波罗的，一是酒神狄俄倪索斯的。日神高踞奥林匹斯峰顶，一切事物借他的光辉而得形象，他凭高静观，世界投影于他的眼帘如同投影于一面镜，他如实吸纳，却恬然不起忧喜。酒神则趁生命最繁盛的时节，酣饮高歌狂舞，在不断的生命跳动中忘去生命的本来注定的苦恼。从此可知日神是观照的象征，酒神是行动的象征。依尼采看，希腊人的最大成就在悲剧，而悲剧就是使酒神的苦痛挣扎投影于日神的慧眼，使灾祸罪孽成为惊心动魄的图画。从希腊悲剧，尼采悟出"从形象得解脱"（redemption through appearance）的道理。世界如果当作行动的场合，就全是罪孽苦恼；如果当作观照的对象，就成为一件庄严的艺术品。

如果我们比较叔本华、尼采的看法和柏拉图、亚理斯多德的看法，就可看出古希腊人与近代德国人的结论相同，就是人生最高目的在观照，不过着重点微有移动，希腊人的是哲学家的观照，而近代德国人的是艺术家的观照。哲学家的观照以真为对象，艺术家的观照以美为对象。不过这也是粗略的区分。观照到了极境，真也就是美，美也就是真，如诗人济慈所说的，所以柏拉图的心灵精进在最后阶段所见到的"绝对美"就是他所谓"理式"（idea）或真实界（reality）。

宗教本重修行，理应把人生究竟摆在演而不摆在看，但是事实上世界几个大宗教没有一个不把观照看成修行的不二法门。最显著的当然是佛教。在佛教看，人生根本孽是贪嗔痴。痴又叫作"无明"。这三孽之中，无明是最根本的，因为无明，才执着法与我，把幻相看成真实，把根尘当作我有，于是有贪有嗔，陷于生死永劫。所以人生究竟解脱在破除无明以及它连带的法我执。破除无明的方法是六波罗蜜（意谓"度"，"到彼岸"，就是"度到涅槃的岸"），其中初四——布施、持戒、忍辱、精进——在表面上似侧重行，其实不过最后两个阶段——禅定、智慧——的预备，到了禅定的境界，"止观双运"，于是就起智慧，看清万事万物的真相，断除一切孽障执着，到涅槃（圆寂），证真如，功德就圆满了。佛家把这种智慧叫作"大圆镜智"，《佛地经论》做这样解释：

　　如圆镜极善摩莹，鉴净无垢，光明遍照；如是如来大圆镜智于佛智上一切烦恼所知障垢永出离故，极善摩莹；为依止定所摄持故，鉴净无垢；作诸众生利乐事故，光明遍照。

如圆镜上非一众多诸影象起，而圆镜上无诸形象，而此圆镜无动无作；如是如来画镜智上非一众多诸智影起，圆镜智上无诸智影，而此智镜无动无作。

这譬喻很可以和尼采所说的阿波罗精神对照，也很可以见出大乘佛家的人生理想与柏拉图的学说不谋而合。人要把心磨成一片大圆镜，光明普照，而自身却无动无作。

佛教在中国，成就最大的一宗是天台，最流行的一宗是净土。天台宗的要义在止观，净土宗的要义在念佛往生，都是在观照上做修持的功夫。所谓"止观"就是静坐摄心入定，默观佛法与佛相，净土则偏重念佛名，观佛相，以为如此即可往生西方极乐世界（所谓"净土"）。依《文殊般若经》说：

若善男子善女子，应在空间处，舍诸乱意，随佛方所，端身正向，不取相貌，系心一佛，专称名字，念无休息，即是念中，能见过现未来三世诸佛。

这种凝神观照往往产生中世纪耶教徒所谓"灵见"（visions），对象或为佛相，或为庄严宝塔，或为极乐世界。佛家往往用文字把他们的"灵见"表现成想象丰富的艺术作品，像《无量寿经》《阿弥陀经》之类作品大抵都是这样产生出来的。往生净土是他们的最后目的，其实这净土仍是心中幻影，所谓往生仍是在观照中成就，不一定在地理上有一种搬迁。

这一切在耶稣教中都可以找到它的类似。耶稣自己，像释迦一样，是经过一个长期静坐默想而后证道的。"天国就在你自己心里"，这句话也有唤醒人返求诸心的倾向。不过早期的神父要和极艰窘的环境奋斗，精力大半耗于奔走布道和避免残杀。到了三世纪以后，耶稣教的神学逐渐与希腊哲学合流，形成所谓"新柏拉图派"的神秘主义，于是观照成为修行的要诀。依这派的学说，人的灵魂原与上帝一体，没有肉体感官的障碍，所以能观照永恒真理。投生以后，它就依附了肉体，就有欲也就有障。人在灵方面仍近于神，在肉方面则近于兽，肉是一切罪孽的根源，灵才是人的真性。所以修行在以灵制欲，在离开感官的生活而凝神于思想与观照，由是脱尽尘障，在一种极乐的魂游（ecstasy）中回到上帝的怀里，重新和他成为一体。中世纪神学家把"知"看成心灵的特殊功能，唯一的人神沟通的桥梁。"知"有三个等级：感觉（cognitio）、思考（meditatio）和观照（contemplatio）。观照是最高的阶段，它不但不要假道于感觉，也无须用概念的思考，它是感觉和思考所不能跻攀的知的胜境，一种直觉，一种神佑的大彻大悟。只有借这观照，人才能得到所谓"神福的灵见"（beatific vision），见到上帝，回到上帝，永远安息在上帝里面。达到这种"神福的灵见"，一个耶教徒就算达到人生的最高理想。

这种哲学或神学的基础，加上中世纪的社会扰乱，酿成寺院的虔修制度。现世既然恶浊，要避免它的熏染，僧侣于是隐到与人世隔绝的寺院里，苦行持戒，默想现世的罪孽，来世的希望和上帝的博大仁慈。他们的经验恰和佛教徒的一样，由于高度的自催眠作用，默想果然产生了许多"灵见"：地狱的厉鬼，净界的烈焰，天堂的神仙的福境，都活灵活现地现在他们的凝神默索的眼前。这些"灵见"写成书，绘成画，刻成雕像，就成中世纪的灿烂辉煌的文学与艺术。在意大利，成就尤其烜赫。但丁的《神曲》就是无数"灵见"之一，它可以看成耶稣教的《阿弥陀经》。

我们只举佛耶两教做代表就够了。道教本着长生久视的主旨，后来又沿袭了许多佛教的虔修秘诀，回教本由耶教演变成的，特别流连于极乐世界的感官的享乐。总之，在较显著的宗教中，或是因为特重心灵的知的活动，或是寄希望于比现世远较完美的另一世界，人生的最高理想都不摆在现世的行动而摆在另一世界的观照。宗教的基本精神在看而不在演。

最后，谈到文艺，它是人生世相的返照，离开观照，就不能有它的生存。文艺说来很简单，它是情趣与意象的融会，作者寓情于景，读者因景生情。比如说，"昔我往矣，杨柳依依；今我来思，雨雪霏霏"一章诗写出一串意象、一幅景致，一幕戏剧动态。有形可见者只此，但是作者本心要说的却不只此，他主要的是要表现一种时序变迁的感慨。这感慨在这章诗里虽未明白说出而却胜于明白说出，它没有现身而却无可否认地是在那里。这事细想起来，真是一个奇迹。情感是内在的、属我的、主观的、热烈的、变动不居、可体验而不可直接描绘的；意象是外在的、属物的、客观的、冷静的、成形即常住、可直接描绘而却不必使任何人都可借以有所体验的。如果借用尼采的譬喻来说，情感是狄俄倪索斯的活动，意象是阿波罗的观照，所以不仅在悲剧里（如尼采所说的），在一切文艺作品里，我们都可以见出狄俄倪索斯的活动投影于阿波罗的观照，见出两极端冲突的调和，相反者的同一。但是在这调和与同一中，占有优势与决定性的倒不是狄俄倪索斯而是阿波罗，是狄俄倪索斯沉没到阿波罗里面，而不是阿波罗沉没到狄俄倪索斯里面。所以我们尽管有丰富的人生经验，有深刻的情感，若是止于此，我们还是站在艺术的门外，要升堂入室，这些经验与情感必须经过阿波罗的光辉照耀，必须成为观照的对象。由于这个道理，观照（这其实就是想象，也就是直觉）是文艺的灵魂；也由于这个道理，诗人和艺术家们也往往以观照为人生的归宿。我们试想一想：

目送飞鸿，手挥五弦，俯仰自得，游心太玄。

——嵇康

仰视碧天际，俯瞰渌水滨，寥阒无涯观，寓目理自陈。大矣造化工，万殊莫不均。群籁虽参差，适我无非新。

——王羲之

采菊东篱下，悠然见南山。山气日夕佳，飞鸟相与还。此中有真意，欲辨已忘言。

——陶潜

侧身天地长怀古，独立苍茫自咏诗。

——杜甫

从诸诗所表现的胸襟气度与理想，就可以明白诗人与艺术家如何在静观默玩中得到人生的最高乐趣。

就西方文艺来说，有三部名著可以代表西方人生观的演变：在古代是柏拉图的《会饮》，在中世纪是但丁的《神曲》，在近代是歌德的《浮士德》。《会饮》如上文已经说过的，是心灵的审美教育方案；这教育的历程是由感觉经理智到慧解，由殊相到共相，由现象到本体，由时空限制到超时空限制；它的终结是在沉静的观照中得到豁然大悟，以及个体心灵与弥漫宇宙的整一的纯粹的大心灵合德同流。由古希腊到中世纪，这个人生理想没有经过重大的变迁，只是加上耶教神学的渲染。《神曲》在表面上只是一部游记，但丁叙述自己游历地狱、净界与天堂的所见所闻；但是骨子里它是一部寓言，叙述心灵由罪孽经忏悔到解脱的经过，但丁自己就象征心灵，三界只是心灵的三种状态，地狱是罪孽状态，净界是忏悔洗刷状态，天堂是得解脱蒙神福状态。心灵逐步前进，就是逐步超升，到了最高天，它看见玫瑰宝座中坐的诸圣诸仙，看见圣母，最后看见了上帝自己。在这"神福的灵见"里，但丁（或者说心灵）得到最后的归宿，他"超脱"了，归到上帝怀里了，《神曲》于是终止。这种理想大体上仍是柏拉图的，所不同者柏拉图的上帝是"理式"，绝对真实界本体，无形无体的超时超空的普运周流的大灵魂；而但丁则与中世纪神学家们一样，多少把上帝当作一个人去想：他糅合神性与人性于一体，有如耶稣。

从但丁糅合柏拉图哲学与耶教神学，把人生的归宿定为"神福的灵见"以后，过了五百年到近代，人生究竟问题又成为思辨的中心，而大诗人歌德代表近代人给了一个彻底不同的答案。就人生理想来说，《浮士德》代表西方思潮的一个极大的转变。但丁所要解脱的是象征情欲的三猛兽和象征愚昧的黑树林。到浮士德，情境就变了，他所要解脱的不是愚昧而是使他觉得腻味的丰富的知识。理智的观照引起他的心灵的烦躁不安。"物极思返"，浮士德于是由一位闭户埋头的书生变成一位与厉鬼定卖魂约的冒险者，由沉静的观照跳到热烈而近于荒唐的行动。在《神曲》里，象征信仰与天恩的贝雅特里齐，在《浮士德》里于是变成天真而却蒙昧无知的玛嘉丽特。在《神曲》里是"神福的灵见"，在《浮士德》里于是变成"狂飙突进"。阿波罗退隐了，狄俄倪索斯于是横行无忌。经过许多放纵不羁的冒险行动以后，浮士德的顽强的意志也终于得到净化，而净化的原动力却不是观照而是一种有道德意义的行动。他的最后的成就也就是他的最高的理想的实现，从大海争来一片陆地，把它垦成沃壤，使它效用于人类社会。这理想可以叫作"自然的征服"。

这浮士德的精神真正是近代的精神，它表现于一些睥睨一世的雄才怪杰，表现于一些掀天动地的历史事变。各时代都有它的哲学辩护它的活动，在近代，尼采的超人主义唤起许多癫狂者的野心，扬谛理（Gentile）的"为行动而行动"的哲学替法西斯的横行奠定了理论的基础。

这真是一个大旋转。从前人恭维一个人，说"他是一个肯用心的人"（a thoughtful man），现在却说"他是一个活动分子"（an active man）。这旋转是向好还是向坏呢？爱下道德判断的人们不免起这个疑问。答案似难一致。自幸生在这个大时代的"活动分子"会赞叹现代生命力的旺盛。而"肯用心的人"或不免忧虑信任盲目冲动的危险。这种见解的分歧在骨子里与文艺方面古典与浪漫的争执是一致的。古典派要求意象的完美，浪漫派要求情感的丰富，还是冷静与热烈动荡的分别。文艺批评家们说，这分别是粗浅而村俗的，第一流文艺作品必定同时是古典的与浪漫的，必定是丰富的情感表现于完美的意象。把这见解应用到人生方面，显然的结论是：

理想的人生是由知而行，由看而演，由观照而行动。这其实是一个老结论。苏格拉底的"知识即德行"，孔子的"自明诚"，王阳明的"知行合一"，意义原来都是如此。但是这还是侧重行动的看法。止于知犹未足，要本所知去行，才算功德圆满。这正犹如尼采在表面上说明了日神与酒神两种精神的融合，实际上仍是以酒神精神沉没于日神精神，以行动投影于观照。所以说来说去，人生理想还只有两个，不是看，就是演；知行合一说仍以演为归宿，日神酒神融合说仍以看为归宿。

近代意大利哲学家克罗齐另有一个看法，他把人类心灵活动分为知解（艺术的直觉与科学的思考）与实行（经济的活动与道德的活动）两大阶段，以为实行必据知解，而知解却可独立自足。一个人可以终止于艺术家，实现美的价值；可以终止于思想家，实现真的价值；可以终止于经济政治家，实现用的价值；也可以终止于道德家，实现善的价值。这四种人的活动在心灵进展次第上虽是一层高似一层，却各有千秋，各能实现人生价值的某一面。这就是说，看与演都可以成为人生的归宿。

这看法容许各人依自己的性之所近而抉择自己的人生理想，我以为是一个极合理的看法。人生理想往往决定于各个人的性格。最聪明的办法是让生来善看戏的人们去看戏，生来善演戏的人们来演戏。上帝造人，原来就不只是用一个模型。近代心理学家对于人类原型的分别已经得到许多有意义的发现，很可以做解决本问题的参考。最显著的是荣格（Jung）的"内倾"与"外倾"的分别。内倾者（introvert）倾心力向内，重视自我的价值，好孤寂，喜默想，无意在外物界发动变化；外倾者（extrovert）倾心力向外，重视外界事物的价值，好社交，喜活动，常要在外物界起变化而无暇反观默省。简括地说，内倾者生来爱看戏，外倾者生来爱演戏。

人生来既有这种类型的分别，人生理想既大半受性格决定，生来爱看戏的以看为人生归宿，生来爱演戏的以演为人生归宿，就是理所当然的事了。双方各有乐趣，各是人生的实现，我们各不妨阿其所好，正不必强分高下，或是勉强一切人都走一条路。人性不只是一样，理想不只是一个，才见得这世界的恢阔和人生的丰富。犬儒派哲学家第欧根尼（Diogenes）静坐在一个木桶里默想，勋名盖世的亚历山大大帝慕名去访他，他在桶里坐着不动。客人介绍自己说："我是亚历山大大帝。"他回答说："我是犬儒第欧根尼。"客人问："我有什么可以帮你的忙么？"他回答："只请你站开些，不要挡着太阳光。"这样就匆匆了结一个有名的会晤。亚历山大大帝觉得这犬儒甚可羡慕，向人说过一句心里话："如果我不是亚历山大，我很愿做第欧根尼。"无如他是亚历山大，这是一件前生注定丝毫不能改动的事，他不能做弟欧根尼。这是他的悲剧，也是一切人所同有的悲剧。但是这亚历山大究竟是一个了不起的人物，是亚历山大而能见到做第欧根尼的好处。比起他来，第欧根尼要低一层。"不要挡着太阳光！"那句话含着几多自满与骄傲，也含着几多偏见与狭量啊！

要较量看戏与演戏的长短，我们如果专请教于书本，就很难得公平。我们要记得：柏拉图、庄子、释迦、耶稣、但丁……这一长串人都是看戏人，所以留下一些话来都是袒护看戏的人生观。此外还有更多的人，像秦始皇、大流士、亚历山大、忽必烈、拿破仑……以及无数开山凿河、垦地航海的无名英雄毕生都在忙演戏，他们的人生哲学表现在他们的生活，所以不曾留下话来辩护演戏的人生观，他们是忠实于自己的性格，如果留下话来，他们也就势必变成看戏人了。据说罗兰夫人上了断头台，才想望有一支笔可以写出她的临终的感想。我们固然希望能读到这位女革命家的自供，可是其实这是多余的。整部历史，这一部轰轰烈烈的戏，不就是演戏人们的最雄辩的供状么？

英国散文家斯蒂文森（R. L. Stevenson）在一篇叫作《步行》的小品文里有一段话说得很美，可惜我的译笔不能传出那话的风味，它的大意是：

我们这样匆匆忙忙地做事，写东西，挣财产，想在永恒时间的嘲笑的静默中有一刹那使我们的声音让人可以听见，我们竟忘掉一件大事，在这件大事之中这些事只是细目，那就是生活。我们钟情，痛饮，在地面来去匆匆，像一群受惊的羊。可是你得问问你自己：在一切完了之后，你原来如果坐在家里炉旁快快活活地想着，是否比较更好些。静坐着默想——记起女子们的面孔而不起欲念，想到人们的丰功伟业，快意而不羡慕，对一切事物和一切地方有同情的了解，而却安心留在你所在的地方和身份——这不是同时懂得智慧和德行，不是和幸福住在一起吗？说到究竟，能拿出会游行来开心的并不是那些扛旗子游行的人们，而是那些坐在房子里眺望的人们。

这也是一番袒护看戏的话。我们很能了解斯蒂文森的聪明的打算，而且心悦诚服地随他站在一条线上——我们这批袖手旁观的人们。但是我们看了那出会游行而开心之后，也要深心感激那些扛旗子的人们。假如他们也都坐在房子里眺望，世间还有什么戏可看呢？并且，他们不也在开心么？你难道能否认？

（原载于《文学杂志》第 2 卷第 2 期，1947 年 7 月）

生　命

　　说起来已是二十年前事了。如今我还记得清楚，因为那是我生平中一个最深刻的印象。有一年夏天，我到苏格兰西北海滨一个叫作爱约夏的地方去游历，想趁便去拜访农民诗人彭斯的草庐。那一带地方风景仿佛像日本内海而更曲折多变化。海湾伸入群山间成为无数绿水映着青山的湖。湖和山都老是那样恬静幽闲而且带着荒凉景象，几里路中不容易碰见一个村落，处处都是山、谷、树林和草坪。走到一个湖滨，我突然看见人山人海，男的女的，老的少的，穿深蓝大红衣服的，褴褛蹒跚的，蠕蠕蠢动，闹得喧天震地：原来那是一个有名的浴场。那是星期天，人们在城市里做了六天的牛马，来此过一天快活日子。他们在炫耀他们的服装，他们的嗜好，他们的皮肉，他们的欢爱，他们的文雅与村俗。像湖水的波涛汹涌一样，他们都投在生命的狂澜里，尽情享一日的欢乐。就在这么一个场合中，一位看来像是皮鞋匠的牧师在附近草坪中竖起一个讲台向寻乐的人们布道。他也吸引了一大群人。他喧嚷，群众喧嚷，湖水也喧嚷，他的话无从听清楚，只有"天国""上帝""忏悔""罪孽"几个较熟的字眼偶尔可以分辨出来。那群众常是流动的，时而由湖水里爬上来看牧师，时而由牧师那里走下湖水。游泳的游泳，听道的听道，总之，都在凑热闹。

对着这场热闹，我伫立凝神一反省，心里突然起了一阵空虚寂寞的感觉，我思量到生命的问题。摆在我们面前的显然就是生命。我首先感到的是这生命太不调和。那么幽静的湖山当中有那么一大群嘈杂的人在嬉笑取乐，有如佛堂中的蚂蚁抢搬虫尸，已嫌不称，又加上两位牧师对着那些喝酒，抽烟，穿着游泳衣裸着胳膊大腿卖眼色的男男女女讲"天国"和"忏悔"，这岂不是对于生命的一个强烈的讽刺？约翰授洗者在沙漠中高呼救世主来临的消息，他的声音算是投在虚空中了。那位苏格兰牧师有什么可比得约翰？他以布道为职业，于道未必有所知见，不过剽窃一些空洞的教门中语扔到头脑空洞的人们的耳里，岂不是空虚而又空虚？推而广之，这世间一切，何尝不都是如此？比如那些游泳的人们在尽情欢乐，虽是热烈，却也很盲目，大家不过是机械地受生命的动物的要求在鼓动驱遣，太阳下去了，各自回家，沙滩又恢复它的本来的清寂，有如歌残筵散。当时我感觉空虚寂寞者在此。

但是像那一大群人一样，我也欣喜赶了一场热闹，那一天算是没有虚度，于今回想，仍觉那回事很有趣。生命像在那沙滩所表现的，有图画家所谓阴阳向背，你跳进去扮演一个角色也好，站在旁边闲望也好，应该都可以叫你兴高采烈。在那一顷刻，生命在那些人们中动荡，他们领受了生命而心满意足了，谁有权去鄙视他们，甚至于怜悯他们？厌世疾俗者一般都是妄自尊大，我惭愧我有时未能免俗。

孔子看流水，发过一个最深永的感叹，他说："逝者如斯夫，不舍昼夜！"生命本来就是流动，单就"逝"的一方面来看，不免令人想到毁灭与空虚，但是这并不是有去无来，而是去的若不去，来的就不能来，生生不息，才能念念常新。莎士比亚说生命"像一个白痴说的故事，满是声响和愤激，毫无意义"。虽是慨乎言之，却不是一句见道之语。生命是一个说故事的人，虽老是抱着那么陈腐的"母题"转，而每一顷刻中的故事却是新鲜的，自有意义的。这一顷刻中有了新鲜有意义的故事，这一顷刻中我们心满意足了，这一顷刻的生命便不能算是空虚。生命原是一顷刻接着一顷刻地实现，好在它"不舍昼夜"。算起总账来，层层实数相加，决不会等于零。人们不抓住每一顷刻在实现中的人生，而去追究过去的原因与未来的究竟，那就犹如在相加各项数目的总和之外求这笔加法的得数。追究最初因与最后果，都要走到"无穷追溯"（reductio ad infintum）。这道理哲学家们本应知道，而爱追究最初因与最后果的偏偏是些哲学家们。这不只是不谦虚，而且是不通达。一件事物实现了，它的形象在哪里，它的原因和目的也就在哪里。种中有果，果中也有种，离开一棵植物无所谓种与果，离开种与果也无所谓一棵植物（像我的朋友废名先生在他的《阿赖耶识论》里所说明的）。比如说一幅画，有什么原因和目的！它现出一个新鲜完美的形象，这岂不就是它的生命，它的原因，它的目的？

　　且再拿这幅画来比譬生命。我们过去生活正如画一幅画，当前我们所要经心的不是这幅画画成之后会有怎样一个命运，归于永恒或是归于毁灭，而是如何把它画成一幅画，有画所应有的形象与生命。不求诸抓得住的现在而求诸渺茫不可知的未来，这正如佛经所说的身怀珠玉而向他人行乞。但是事实上许多人都在未来的永恒或毁灭上打计算。波斯大帝带着百万大军西征希腊，过海勒斯朋海峡时，他站在将台看他的大军由船桥上源源不绝地渡过海峡，他忽然流涕向他的叔父说："我想到人生的短促，看这样多的大军，百年之后，没有一个人还能活着，心里突然起了阵哀悯。"他的叔父回答说："但是人生中还有更可哀的事咧，我们在世的时间虽短促，世间没有一个人，无论在这大军之内或在这大军之外，能够那样幸运，在一生中不有好几次不愿生而宁愿死。"这两人的话都各有至理，至少是能反映大多数人对于生命的观感。嫌人生短促，于是设种种方法求永恒。秦皇汉武信方士，求神仙，以及后世道家炼丹养气，都是妄想所谓"长生"。"服食求神仙，多为药所误，不如饮美酒，被服纨与素"，这本是诗人愤疾之言，但是反话大可作正话看；也许作正话看，还有更深的意蕴。说来也奇怪，许多英雄豪杰在生命的流连上都未能免俗，我因此想到曹孟德的遗嘱：

> 吾死之后，葬于邺之西冈上，妾与妓人皆着铜雀台，台上施六尺床，下穗帐。朝晡上酒脯粻糒之属，每月朝十五，辄向帐前作伎，汝等时登台，望吾西陵墓田。

他计算得真周到，可怜虫！谢朓说得好：

> 穗帷飘井干，樽酒若平生。
> 郁郁西陵树，讵闻歌吹声！

孔子毕竟是达人，他听说桓司马自为石郭，三年而不成，便说"死不如速朽之为愈也"。谈到朽与不朽问题，这话也很难说。我们固毋庸计较朽与不朽，朽之中却有不朽者在。曹孟德朽了，陵雀台妓也朽了，但是他的那篇遗嘱，何逊谢朓李贺诸人的铜雀台诗，甚至于铜雀台一片瓦，于今还叫讽咏摩挲的人们欣喜赞叹。"前水复后水，古今相续流"，历史原是纳过去于现在，过去的并不完全过去。其实若就种中有果来说，未来的也并不完全未来。这现在一顷刻实在伟大到不可思议，刹那中自有终古，微尘中自有大千，而汝心中亦自有天国。这是不朽的第一义谛。

相反两极端常相交相合。人渴望长生不朽，也渴望无生速朽。我们回到波斯大帝的叔父的话："世间没有一个人在一生中不有好几次不愿生宁愿死。"痛苦到极点想死，一切自杀者可以为证；快乐到极点也还是想死，我自己就有一两次这样经验，一次是在二十余年前一个中秋前后，我乘船到上海，夜里经过焦山，那时候大月亮正照着山上的庙和树，江里的细浪像金线在轻轻地翻滚，我一个人在甲板上走，船上原是载满了人，我不觉得有一个人，我心里那时候也有那万里无云，水月澄莹的景象，于是非常喜悦，于是突然起了脱离这个世界的愿望。另外一次也是在秋天，时间是傍晚，我在北海里的白塔顶上望北平城里的楼台烟树，望到西郊的远山，望到将要下去的红烈烈的太阳，想起李白的"西风残照，汉家陵阙"那两个名句，觉得目前的境界真是苍凉而雄伟，当时我也感觉到我不应该再留在这个世界里。我自信我的精神正常，但是这两次想死的意念真来得突兀。诗人济慈在《夜莺歌》里于欣赏一个极幽美的夜景之后，也表示过同样的愿望，他说：

Now more than ever seems it rich to die.

现在死像比任何时都较丰富。

　　他要趁生命最丰富的时候死，过了那良辰美景，死在一个平凡枯燥的场合里，那就死得不值得。甚至于死本身，像鸟歌和花香一样，也可成为生命中一种奢侈的享受。我两次想念到死，下意识中是否也有这种奢侈欲，我不敢断定。但是如今冷静地分析想死的心理，我敢说它和想长生的道理还是一样，都是对于生命的执着。想长生是爱着生命不肯放手，想死是怕放手轻易地让生命溜走，要死得痛快才算活得痛快，死还是为着活，为着活的时候心里一点快慰。好比贪吃的人想趁吃大鱼大肉的时候死，怕的是将来吃不到那样好的，根本还是由于他贪吃，否则将来吃不到那样好的，对于他毫不感威胁。

　　生命的执着属于佛家所谓"我执"，人生一切灾祸罪孽都由此起。佛家针对着人类的这个普遍的病根，倡无生，破我执，可算对症下药。但是佛家也并不曾主张灭生灭我，不曾叫人类作集体的自杀，而只叫人明白一般人所希求的和所知见的都是空幻。还不仅此，佛家在积极方面还要慈悲救世，对于生命是取护持的态度。舍身饲虎的故事显示我们为着救济他生命，须不惜牺牲己生命。我心里对此尝存一个疑惑：既证明生命空幻而还要这样护持生命是为什么呢？目前我对于佛家的了解还不够使我找出一个圆满的解答。不过我对于这生命问题倒有一个看法，这看法大体源于庄子。（我不敢说它是否合于佛家的意思。）庄子尝提到生死问题，在《大宗师》篇说得尤其透辟。在这篇里他着重一个"化"字，我觉得这"化"字非常之妙。中国人称造物为"造化"，万物为"万化"。生命原就是化，就是流动与变易。整个宇宙在化，物在化，我也在化。只是化，并非毁灭。

草木虫鱼在化，它们并不因此而有所忧喜，而全体宇宙也不因此而有所损益。何以我独于我的化看成世间一件大了不起的事呢？我特别看待我的化，这便是"我执"。庄子对此有一段妙喻：

> 今大冶铸金，金踊跃曰，"我且必为莫邪"，大冶必以为不祥之金。今一犯人之形，而曰，"人耳，人耳"，夫造化者必以为不祥之人。今以天地为大炉，以造化为大冶，恶乎往而不可哉？成然寐，蘧然觉。

在这个比喻里，庄子破了"我执"，也解决了生死问题。人在造化手里，听它铸，听它"化"而已，强立物我分别，是为不祥。庄子所谓寐觉，是比喻生死。睡一觉醒过来，本不算一回事，生死何尝不如此？寐与觉为化，生与死也还是化。庄周梦为蝴蝶，则"栩栩然蝴蝶也"；"俄然觉，则蘧蘧然周也"；生而为人，死而化为鼠肝虫臂，都只有听之而已。在生时这个我在大化流行中有他的妙用，死后我的化形也还是如此，庄子说：

> 浸假而化予之左臂以为鸡，予因之以求时夜；浸假而化予之右臂以为弹，予因之以求鸮炙……

物质毕竟是不灭的，漫说精神。试想宇宙中有几许因素来化成我，我死后在宇宙中又化成几许事物，经过几许变化，发生几许影响，这是何等伟大而悠久，丰富而曲折的一个游历，一个冒险？这真是所谓"逍遥游"！

这种人生态度就是儒家所谓"赞天地之化育",郭象所谓"随变任化"(见《大宗师》篇"相忘以生"句注),翻成近代语就是"顺从自然"。我不愿辩护这种态度是否为颓废的或消极的,懂得的人自会懂得,毋庸以口舌争。近代人说要"征服自然",道理也很正大。但是怎样征服?还不是要顺从自然的本性?严格地说,世间没有一件不自然的事,也没一件事能不自然。因为这个道理,全体宇宙才是一个整一融贯的有机体,大化运行才是一部和谐的交响曲,而 cosmos 不是 chaos。人的最聪明的办法是与自然合拍,如草木在和风丽日中开着花叶,在严霜中枯谢,如流水行云自在运行无碍,如"鱼相与忘于江湖"。人的厄运在当着自然的大交响曲"唱翻腔",来破坏它的和谐。执我执法,贪生想死,都是"唱翻腔"。

孔子说过:"朝闻道,夕死可矣。"人难能的是这"闻道"。我们谁不自信聪明,自以为比旁人高一着?但是谁的眼睛能跳开他那"小我"的圈子而四方八面地看一看?谁的脑筋不堆着习俗所扔下来的一些垃圾?每个人都有一个密不通风的"障"包围着他。我们的"根本惑"像佛家所说的,是"无明"。我们在这世界里大半是"盲人骑瞎马",横冲直撞,怎能不闯祸事!所以说来说去,人生最要紧的事是"明",是"觉",是佛家所说的"大圆镜智"。法国人说:"了解一切,就是宽恕一切。"我们可以补上一句:"了解一切,就是解决一切。"生命对于我们还有问题,就因为我们对它还没有了解。既没有了解生命,我们凭什么对付生命呢?于是我想到这世间纷纷扰攘的人们。

(原载于《文学杂志》第 2 卷第 3 期,1947 年 8 月)

谈恐惧心理

最近这几个月中，人们都有大难临头的预感，骚动得特别厉害。一会儿大家纷纷抢购粮食，出比市价高几倍的价钱也在所不惜，仿佛以为不如此就会有一天会饿死，一会儿大家又纷纷抛售衣物房屋，仿佛以为他们所居的地方危在旦夕，先捞几个现钱再说，到必要时可以逃到他们所想象的安全地带。平津人纷纷逃到京沪，京沪人纷纷逃到平津，像惊鼠似地东奔西窜，惹得交通格外拥挤，秩序格外紊乱。这种惊慌的情形可以从政治、经济、教育、社会种种观点来看，在这里我想只把它当作一个心理学的课题来稍加分析。

一切惊慌恐惧都起于危险的感觉，而一切危险，分析到究竟，都是对于生命的威胁。贪生是人与一般动物的最强烈的本能。尽管一个生命如何渺小，如何苦痛，尽管它的主子有时对它如何咒骂，真正到它有丧失的危险时，它还是一种"食之无肉，弃之可惜"的鸡肋，它的主子拼命也要把握着不放。就是这种生命的执着引起对于威胁生命的危险情境生恐惧。一切恐惧到头来只不过是"怕死"。

可是一个人如果真正到了绝境，面前只有死路一条，无可避免，恐惧无补于事，他也就不会恐惧。牛羊到了屠场，知道一切都完了，心里冷了下来，也就定了下来。许多死囚很潇洒自在地上刑场，道理也是如此。引起恐惧的危险情境大抵不是绝境。从心理学观点看，恐惧情绪与逃避本能是分不开的，所以恐惧的对象是可逃避的，这逃避的可能在恐惧者的心中还是一线希望。希望本是恐惧的反面，可是二者常在"狼狈为奸"，缺了一个，另一个就不能行。临到一个险境好比站在一面剃刀锋上，倒东则活，倒西则死，望到倒东的可能便起希望，望到倒西的可能便起恐惧。所以贪生与怕死只是一件事的两面相。怕死，对于生就还没有绝望。

险境既然不是绝境，它就只有可能性而没有确定性。一个人当着险境，常是悬在虚空中，捉摸不定，把握不住，茫然不知所措，于是才感到恐惧。所以在恐惧心理状态中，理智难得清醒，知识总是模糊，情境在疑似之中，应付无果决之策，当其境者似有所知，又似无所知。如果毫无所知，他就会糊涂胆大，不知恐惧。"盲人骑瞎马，夜半临深池"，是一个典型的险境，但是盲人自己却若无其事。如果知道得清清楚楚，把握得住情境，也把握得住自己，他就应付有方，也不会恐惧。比如说生死问题，古今圣贤豪杰都不在这上面绞脑筋，因为他们"知命"，一切看透了，生和死都只是理所当然。再比如危险境界，像拿破仑那一类冒险家对之也无动于衷，因为他们明白那只是一个待解决的问题，而他们对于那问题的解决抱有坚强的自信。恐惧都表现性格上的一种弱点，或是理智的欠缺，或是意志的薄弱。俗语说得好："心虚胆怯。"心不虚，胆就不怯。所谓"心虚"就是由于把握不住环境，因而把握不住自己。所以多疑者最易起恐惧，狐鼠是最好的例。

"疑心生暗鬼"，恐惧者由于知解的含糊和自信心的丧失，对于所恐惧的对象常用幻想把它加以夸张放大，望见风，就是雨，一两分的危险便夸张放大成为十二万分。往往所谓危险全是一种错觉，"风声鹤唳，草木皆兵"。我自己亲眼见过一件事可以为证。约莫三十年前，我在武昌高师校读书。有一天正午，一百多同学正在饭厅里吃饭，猛然有几声枪声，顿时全饭厅里的人们都惊慌起来，有躲在饭桌下面的，有拿凳子顶在头上的，有乱窜乱叫的，有用拳头打破玻璃窗打得鲜血淋漓的。我当时没有注意到那响声，所以若无其事，能很清楚地观察到当场的人们的那种可怜可笑的神色。由那神色看来，他们仿佛以为那响声起于饭厅建筑本身，他们所恐惧的是那座旧房屋的倒塌，会使他们同归于尽。房屋当然并没有倒塌，而事后调查，那枪声的出发点距饭厅还有一里多路。这也许是一个极端的事例，不过许多引起惊慌恐惧的情境往往像这样是错觉所生的幻象，根本不存在，或者不如所想象的那么严重。

恐惧的对象都是经过夸张放大的，在群众中这种夸张放大尤其一放不可收拾。群众是一个两面头的怪物，它可以壮声势也可以寒心胆，一个人怕，不算一回事；周围的人们都怕，那就真正可怕了。若是树上只有一只鸟，你放一声枪，它可能不理睬，纵然飞逃也是懒洋洋的。若是树上有一大群鸟，一声枪响就吓得它们惊叫乱窜。是鸟都飞散了，你从来不会发现有一只大胆的鸟敢留在那里。理由是很简单的。一只孤单的鸟在恐惧中见不到自己恐惧的神色，好比一个声音触不起回响，就不会放大。一大群鸟都恐惧时，每只鸟的恐惧神色都映在余鸟的眼帘里，于是每只鸟就由于同情的回荡，把所见到的许多鸟的恐惧都灌注到它自己的恐惧里去，汇众水于巨流。这是群众心理家们所说的模拟作用和暗示作用。很显然的这时候引起恐惧的并非当时危险情境本身，而是同类的恐惧的神色。不消说得，这种放大的恐惧要远超过当时危险情境本身所需要的。这可以说是群众的病态心理。一个群众到了染上这种病态时，就失去一切自制力与自信心，什么事也不会成功。俗语说，"兵败如山崩"，就是这个道理。群众也有群众的错觉和幻想，当然也就可以把一个危险情境夸张放大，以讹传讹，往往把真实情况弄得牛头不对马嘴。由于这个缘故，谣言在一个恐慌的群众中特别占势力。

恐惧是一种情绪，根源在逃避本能。依一般心理学家说，凡是情绪和本能在生物进化上都有它们的功用，对于人和动物的生存都有裨益。关于恐惧，我就不免怀疑。恐惧的最常见的后果不外两种。一种是使当事者落到瘫痪状态。请看鼠见着猫或是小动物见着蛇，还没有被捕噬，就吓得不能动弹。有时猫还故意把捕得的鼠放去，任它逃而它却吓得不能逃。人也是如此，许多人在惊慌中最常见的反应是"仓皇失措"，不知道怎么办，只好什么都不办。另一种是使当事者落到狂乱状态。应该逃开那危险的局面，他是知道的，可是怎样逃开，他却不知道，于是手慌脚忙，乱冲乱撞，结果往往闯出更大的祸事。许多避难的人并不死于枪林弹雨而死于拥挤践踏之类意外之灾。我颇疑心恐惧这种情绪在动物的原始阶段或许有它的用处，到了人类现阶段，它就有如盲肠，害多于利。因此，我很同情于柏拉图，他认为"理想国"的公民应尽力拔除恐惧的情绪；同时，我也很向往中国先贤所提倡的雍容镇静和大无畏的精神。

（原载于《周论》2卷19期，1949年11月19日）

编后记

朱光潜，字孟实，安徽省桐城人。现当代著名美学家、文艺理论家、教育家、翻译家。1922 年毕业于香港大学文学院。1925 年留学英国爱丁堡大学，致力于文学、心理学与哲学的学习与研究，后在法国斯特拉斯堡大学获哲学博士学位。1933 年回国后，历任北京大学、四川大学、武汉大学教授。1946 年后一直在北京大学任教，讲授美学与西方文学。

朱光潜先生一生著述颇丰，他的作品深入浅出，内容切实，文笔流畅，对提高青年的写作能力与艺术鉴赏能力颇有启迪。朱光潜先生的《谈修养》一书是写给青年的人生启示录，极富有精妙而切实的见解，是提高个人修养的必读书之一。作者以其心理学的专长和思想文化积淀，把握个人心性与社群国族之间的互动，道破种种心性的困惑和社会蔽障，引导人生趋往康庄与丰盈。对于人生与修养问题的探讨，贯穿于朱光潜先生的一生，在他的著作中有大量探讨人生与修养问题的篇章。因此，此次出版《谈修养》一书，从朱光潜先生的文集中撷取了一部分他关于人生与修养的论述作为补充，以期更加完整、系统地呈现朱光潜先生关于人生与修养问题的思考。

本书收录的内容，囊括了朱光潜先生从二十世纪二十年代到八十年代各个历史时期的作品，因此，在语言表述和行文习惯等方面均具有鲜明的时代特征。为了尊重作者的写作和语言习惯，保持作品的完整性，更好地呈现朱光潜先生的思想精髓，本次出版并未对因写作时间不同造成的用词、用语不一致，引文的不统一，对外国人名的翻译与现在不一致等问题进行修改，而以原貌进行呈现，特此说明。

编者